TÉCNICAS DE PREPARO DE AMOSTRAS E A QUÍMICA VERDE

volume 1

TÉCNICAS DE PREPARO DE AMOSTRAS E A QUÍMICA VERDE

volume 1

Ricardo Mathias Orlando

Organizador

Copyright © 2024 Ricardo Mathias Orlando

Editores: Victor Pereira Marinho e José Roberto Marinho
Projeto Gráfico e Diagramação: Horizon Soluções Editoriais
Capa: Victor Hugo de Miranda Boratto

Texto em conformidade com as novas regras ortográficas do Acordo da Língua Portuguesa.

Dados Internacionais de Catalogação na Publicação (CIP)
(Câmara Brasileira do Livro, SP, Brasil)

Técnicas de preparo de amostras e a química verde: volume 1 / organizador Ricardo Mathias Orlando. – São Paulo: Livraria da Física, 2024.

Vários autores.
Bibliografia.
ISBN: 978-65-5563-403-7

1. Preparação de amostras (Química) 2. Química I. Orlando, Ricardo Mathias.

23-182810   CDD–540

Índices para catálogo sistemático:

1. Química   540

Tábata Alves da Silva – Bibliotecária – CRB-8/9253

ISBN: 978-65-5563-403-7

Todos os direitos reservados. Nenhuma parte desta obra poderá ser reproduzida sejam quais forem os meios empregados sem a permissão do organizador. Aos infratores aplicam-se as sanções previstas nos artigos 102, 104, 106 e 107 da Lei n. 9.610, de 19 de fevereiro de 1998.

Impresso no Brasil • *Printed in Brazil*

Editora Livraria da Física
Fone: (11) 3815-8688 / Loja (IFUSP)
Fone: (11) 3936-3413 / Editora
www.livrariadafisica.com.br | www.lfeditorial.com.br

Conselho Editorial

Amílcar Pinto Martins
Universidade Aberta de Portugal

Arthur Belford Powell
Rutgers University, Newark, USA

Carlos Aldemir Farias da Silva
Universidade Federal do Pará

Emmánuel Lizcano Fernandes
UNED, Madri

Iran Abreu Mendes
Universidade Federal do Pará

José D'Assunção Barros
Universidade Federal Rural do Rio de Janeiro

Luis Radford
Universidade Laurentienne, Canadá

Manoel de Campos Almeida
Pontifícia Universidade Católica do Paraná

Maria Aparecida Viggiani Bicudo
Universidade Estadual Paulista - UNESP/Rio Claro

Maria da Conceição Xavier de Almeida
Universidade Federal do Rio Grande do Norte

Maria do Socorro de Sousa
Universidade Federal do Ceará

Maria Luisa Oliveras
Universidade de Granada, Espanha

Maria Marly de Oliveira
Universidade Federal Rural de Pernambuco

Raquel Gonçalves-Maia
Universidade de Lisboa

Teresa Vergani
Universidade Aberta de Portugal

Esta obra é dedicada a todos aqueles que buscam a luz do conhecimento e, contrário ou não às suas convicções, têm a humildade e a grandeza para aceitá-lo.

Prof. Dr. Ricardo Mathias Orlando
Departamento de Química
Universidade Federal de Minas Gerais (DQ – UFMG)

Agradecimentos

Sem grandes parceiros, não conseguimos construir grandes obras. Por isso, eu tenho muito a agradecer aos meus bons e persistentes colegas, autores desta obra. Em primeiro lugar, preciso deixar um agradecimento especial aos estudantes de pós-graduação, que se dedicaram, por bastante tempo, ao conteúdo, à formatação e à revisão deste livro. Eles foram realmente muito pacienciosos, para aguardar meu *feedback*, algumas vezes lento, além das minhas muitas solicitações de mudanças.

Com relação aos meus colegas professores, é essencial eu registrar o valor da parceria e da dedicação, na leitura cuidadosa, nas discussões de conceitos, de melhorias na formatação e todos os demais aspectos técnicos. Espero poder contar com vocês em outros volumes da nossa coletânea.

Além disso, agradeço aos órgãos de fomento, que têm frequentemente aprovado meus projetos e, em especial, ao Conselho Nacional de Desenvolvimento e Tecnologia (CNPQ), à Coordenação de Aperfeiçoamento de Pessoal de Nível Superior (CAPES) e à Fundação de Amparo à Pesquisa do Estado de Minas Gerais (FAPEMIG). Entre os apoios que recebi, agradecimentos especiais devem ser feitos ao INCTAA (Processos 465768/2014–8 e 2014/50951–4) do CNPQ, à Rede Mineira de Ciências Forenses (RMCF) (Projeto RED-00042-16) da FAPEMIG, ao projeto PROCAD Segurança Pública e Ciências Forenses (Processo 88881.516313/2029-01 Edital n. 16/2020), ao CNPQ pela bolsa de produtividade (Produtividade em Desenvolvimento Tecnológico e Extensão Inovadora 2) e aos Editais Internos da Pós-graduação em Química do Departamento de Química da Universidade Federal de Minas Gerais (UFMG), que permitiram que meus trabalhos em preparo de amostras fossem executados. Agradeço também à empresa Allcrom pelo apoio financeiro na publicação desta primeira edição.

Nunca me faltou apoio de colegas de profissão, da família e dos amigos em tudo o que tenho feito e, por isso, eu agradeço a Deus por ter me abençoado com todos eles.

"Nossa maior fraqueza está em desistir. A maneira mais certa de ter sucesso é sempre tentar mais uma vez." Thomas Edison

Apresentação

Para que um analista ou responsável técnico/gerencial de um laboratório adote técnicas mais verdes e ambientalmente amigáveis, é preciso que ele conheça as diferentes alternativas hoje disponíveis, seus fundamentos, suas aplicações mais adequadas e vantajosas, e, principalmente, suas limitações. Nesta obra, a qual chamamos de "**TÉCNICAS DE PREPARO DE AMOSTRAS E A QUÍMICA VERDE**", nós iremos abordar uma série de técnicas de preparo de amostras, desde aquela em que não se emprega nenhum tipo de solvente para o preparo, até as clássicas que, sabidamente, não são tão ambientalmente amigáveis, mas possuem suas vantagens conhecidas e devem permanecer em uso por muitas décadas.

Neste primeiro volume, apresentamos os conceitos gerais do preparo de amostra e a importância da consciência sobre abordagens mais verdes no Capítulo 1. Em seguida, no Capítulo 2, abordamos uma das técnicas mais modernas de preparo de amostras, na qual se faz o uso de campos elétricos como força motriz, com elevada eficiência de extração e baixíssimo consumo de solventes orgânicos em algumas modalidades. Por fim, no Capítulo 3, apresentamos a abordagem que busca empregar materiais ecologicamente amigáveis, de várias fontes biológicas como sorventes para substituir, em algumas aplicações, os materiais sintéticos convencionais.

De fato, os três capítulos do primeiro volume não conseguem contemplar todo o conteúdo que pretendemos abordar e, por isso, novos volumes com outras técnicas serão preparados. Nosso objetivo é que pelo menos um novo volume seja lançado a cada ano, todos no formato digital, disponíveis de forma gratuita para aqueles que quiserem aprender um pouco mais sobre o tema. Nossas obras sempre contaram com colaboradores de outras universidades além da UFMG, todos eles pesquisadores que desenvolvem ou utilizam técnicas de preparo de amostras e, preferencialmente, aliam essa temática com a química verde. Também participam desses volumes muitos alunos de pós-graduação que, além de trabalhar no tema, se dedicam, se empolgam e colocam sua visão e perspectivas no assunto.

Com a intenção de facilitar a comunicação com os(as) nossos(as) leitores(as), criamos um canal (**preparoverde_v1@hotmail.com**) para recebermos críticas, sugestões, dicas e tudo aquilo que possa se relacionar a nossa obra, além de assuntos gerais relacionados aos temas de preparo de amostras e química verde. Dessa forma, esperamos poder contar com a boa crítica de todos e, se for o caso, com os elogios também.

Façam bom uso de todo o conteúdo. Ele foi duramente trabalhado para que pudéssemos levar um pouco mais do assunto aos usuários e desenvolvedores de métodos analíticos.

Aguardamos ansiosamente pela colaboração de todos e pelo rico debate, que esperamos poder fomentar com esta obra.

Prefácio

Um dia, sem dúvida alguma, teremos um *gadget* (como um celular, um *smartwatch*, etc.) acessível, fácil de usar e portátil, capaz de analisar uma gota de suor, um fio de cabelo ou até mesmo grãos de areia. Em questão de segundos, poderemos saber o teor de dezenas ou até centenas de substâncias presentes. Enquanto esse dia não chega, precisamos lidar com a dura realidade: amostras ricas em compostos indesejados (interferentes) e pobres em compostos de interesse (analitos) geralmente não podem ser analisadas diretamente em um equipamento. Na prática, a análise direta é raramente possível. De fato, introduzir amostras complexas em um instrumento analítico é quase sempre catastrófico, e poucas análises são suficientes para danificar seriamente equipamentos que custam várias centenas de milhares de dólares. Em grande parte dos casos, é necessário gastar muita energia, recursos físicos, intelectuais e financeiros para transformar, com o auxílio das **TÉCNICAS DE PREPAROS DE AMOSTRAS**, uma amostra em um produto (extrato) analisável.

As técnicas de preparo de amostras disponíveis são diversas, assim como os analitos e matrizes de interesse, o que torna a escolha e execução da etapa de preparo um desafio único. O tema "preparo de amostras" tem crescido significativamente nos últimos anos, com centenas de artigos publicados anualmente e diversos produtos novos sendo lançados no mercado. Novas técnicas de preparo, mais rápidas e com menos etapas, que consomem pouquíssimo ou nenhum solvente orgânico, surgem praticamente todas as semanas. Ao mesmo tempo, as técnicas convencionais, amplamente estabelecidas e confiáveis, representam uma espécie de "porto seguro" para resolver problemas de desenvolvimento ou aplicação em análises de rotina. Portanto, o analista, gerente de laboratório, pós-graduando ou pesquisador responsável frequentemente se deparam com um grande dilema ao escolher entre o novo e o clássico, no que se refere ao preparo de amostras.

No entanto, resolver problemas analíticos com um preparo de amostras adequado já não é mais suficiente nos dias de hoje. Atualmente, um problema só pode ser considerado adequadamente resolvido se, ao final do processo, conseguirmos reduzir ou eliminar seu impacto ambiental e esse é um dos objetivos da **QUÍMICA VERDE**. É inegável que nosso planeta está sendo literalmente "consumido" por nossas atividades, e por isso o preparo de amostras também deve ser realizado da forma mais consciente possível, reduzindo os danos ao meio ambiente. Mesmo que algumas técnicas de preparo envolvam substâncias químicas e práticas mais prejudiciais, é quase sempre viável reduzir, reutilizar insumos ou substituir gradualmente uma técnica mais agressiva por uma alternativa mais sustentável. Portanto, com nossa obra **"TÉCNICAS DE PREPARO DE AMOSTRAS E A QUÍMICA VERDE"**, esperamos que analistas, alunos de pós-graduação e pesquisadores possam obter respostas e encontrar boas opções, além de conteúdo suficiente para propor soluções mais ecologicamente amigáveis.

SUMÁRIO

1 – INTRODUÇÃO ÀS TÉCNICAS DE PREPARO DE AMOSTRAS	17
1.1 Contextualização e Importância	17
1.2 Escolha da Técnica e das Condições de Preparo de Amostras	25
1.3 Princípios da Química Verde e sua Influência nas Técnicas de Preparo de Amostras	41
Glossário	44
Referências	47

2 – ELETROEXTRAÇÃO	53
2.1 Breve Histórico e Evolução	53
2.2 Fundamentos Teóricos	63
2.3 Modalidades das Técnicas de Eletroextração	69
2.4 Aplicações e Otimização	87
2.5 Eletroextração Hifenada com Outras Técnicas de Preparo de Amostras	123
2.6 Eletroextração Hifenada com Técnicas Analíticas Instrumentais	124
2.7 Vantagens, Desvantagens, Limitações e Perspectivas	126
Glossário	128
Referências	133

3 – BIOSSORVENTES	151
3.1. Breve Histórico e Evolução	151
3.2. Fundamentos Teóricos	154
3.3. Natureza do Biossorbato e do Biossorvente	159
3.4. Interações Envolvidas na Biossorção	160
3.5. Aplicações e Otimização	161
3.6. Vantagens, Desvantagens, Limitações e Perspectivas	176
Glossário	178
Referências	180

SOBRE O ORGANIZADOR	193
SOBRE OS AUTORES	195

1
INTRODUÇÃO ÀS TÉCNICAS DE PREPARO DE AMOSTRAS

Ricardo Mathias Orlando, Clésia Cristina Nascentes, Cassiana Carolina Montagner, Bruno Gonçalves Botelho, Guilherme Dias Rodrigues, Denise Versiane Monteiro de Sousa, Júlia Condé Vieira, Millena Christie Ferreira Avelar, Glaucimar Alex Passos de Resende, Victor Hugo de Miranda Boratto, Jaime dos Santos Viana, Mariana Cristine Coelho Diniz, Marina Caneschi de Freitas

NESTE CAPÍTULO, SERÃO ABORDADOS:

1.1. Contextualização e Importância
1.2. Escolha da Técnica e das Condições do Preparo de Amostras
1.3. Princípios da Química Verde e sua Influência nas Técnicas de Preparo de Amostras

Glossário

Referências

1.1 Contextualização e Importância

Os procedimentos de análise, comumente chamados de análise química ou método analítico, representam um conjunto de etapas cuja finalidade é obter informações a respeito da identidade (o que é) e da quantidade (qual o teor) de determinados **analitos** (espécies químicas de interesse) em uma **amostra** (fração de material estudado). A análise química faz parte daquilo que definimos como ciências naturais, não ficando, em hipótese alguma, restrita à química ou à química analítica. Uma variedade quase infinita de combinações entre analitos e amostras (Figura 1.1) torna o campo das análises químicas complexo, necessário, de muito estudo e desenvolvimento, mas, ao mesmo tempo, muito atraente aos olhos curiosos dos cientistas.

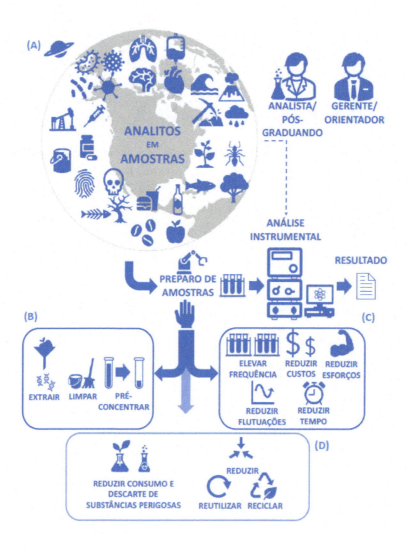

Figura 1.1. (A) Diversidade das aplicações das análises químicas para diferentes objetos de estudo (analitos + amostras). (B) Objetivos principais do preparo de amostras. (C) Qualidades desejáveis das técnicas de preparo de amostra. (D) Qualidades de caráter ambiental dos preparos de amostras. Seta pontilhada indicando uma análise direta sem a etapa de preparo.

O interesse científico, ou mesmo a necessidade legal de se conhecer o que está presente no que usamos, comemos ou respiramos, faz com que praticamente qualquer tipo de substância (iônica, não iônica, polar, apolar, de pequena ou elevada massa molecular), presente nos mais diferentes tipos de amostra (solo, sangue, raiz de uma planta, parte de rochas ou dente de um tubarão, por exemplo), seja objeto de análise. Cientistas já estudaram a composição da atmosfera de luas de outros planetas e atualmente estão desvendando a constituição da atmosfera e do solo de Marte (Akapo *et al.*, 1999; Millan *et al.*, 2019). No nosso planeta, peritos estão descobrindo a origem da contaminação de rios, ou a causa da morte de vítimas ou, até mesmo, a presença de substâncias ilícitas em bagagens de mão. Enquanto isso, em laboratórios de controle de qualidade de alimentos, analistas habilidosos verificam se os peixes importados dos quatro cantos do mundo estão seguros para nossa alimentação. Literalmente, qualquer parte do universo que contenha matéria pode ter sua composição quimicamente determinada.

Para obtermos as informações desejadas a respeito dos analitos em uma amostra e a conclusão final da sua identidade ou do seu teor, muitas vezes é preciso realizar um número considerável de etapas. As cenas cinematográficas que mostram análises de cabelo, sangue, saliva, entre outras amostras em praticamente um único passo e de forma quase imediata são, em geral, uma visão extremamente simplista do que ocorre na ampla maioria das análises químicas. Há uma série de limitações relacionadas às amostras, aos analitos e aos instrumentos de medição que dificultam ou, até mesmo, impedem que a ideia de análise direta, rápida e simples apresentada nesses filmes de ficção seja a realidade da maioria dos procedimentos realizados em laboratórios ao redor do mundo.

Nas análises químicas, o número e complexidade das etapas, bem como o tempo gasto em cada uma delas, podem variar muito dependendo da natureza da amostra, dos analitos que serão determinados, da técnica instrumental analítica escolhida e, até mesmo, da marca e do modelo da instrumentação empregada. Na Figura 1.2, apresentamos um fluxograma com as principais etapas presentes nos procedimentos de análise química. Esse fluxograma traz a ideia da complexidade que uma análise química pode apresentar. Certamente, existem métodos que realmente não requerem a etapa de pré-tratamento ou mesmo de preparo de amostras. Há também outros, nos quais essas duas etapas já fazem parte do próprio processo de amostragem e do armazenamento, mas ambos os casos ainda são minoria dentro do universo das análises químicas. Neste livro, nós iremos abordar, principalmente, as técnicas de preparo de amostras, mas, eventualmente, as demais etapas também serão discutidas.

Ao final do procedimento de análise (item 9, Figura 1.2), após os trabalhos numéricos para os cálculos de concentração, obtém-se o teor (concentração, em uma unidade como mol L^{-1}, por exemplo) do analito na amostra e essa grandeza é chamada de mensurando, segundo definição da metrologia (ciência da medição) (INMETRO, 2012). Como em qualquer sistema de medição, falhas ocorrem durante as várias etapas do procedimento e que acabam gerando erros de medição que são associados ao mensurando. Apesar de o termo causar certa estranheza e desconforto em iniciantes no assunto e leitores de outras áreas do conhecimento, os erros em processos de medição são uma realidade presente, inerentes aos processos de medição, cientificamente aceitos e estatisticamente mensuráveis. Em outros volumes da nossa coletânea, serão abordados detalhes da parte estatística e metrológica das análises químicas, comentando as principais fontes de erros, formas de redução e tratamentos estatísticos mais empregados para sua determinação.

Em um levantamento interno de uma grande empresa de instrumentação analítica, os analistas entrevistados consideraram que cerca de 30% das fontes de erro em análise cromatográficas são provenientes do preparo de amostras (Agilent, 2013). Os erros de medição, assim como os aspectos técnicos e gerenciais, definem ainda se será possível ou necessário fazer uma reanálise instrumental (amostra preparada reanalisada), uma reextração ou um repreparo (preparo de uma nova alíquota da amostra) ou, ainda, fazer uma reamostragem ou recoleta, opção que acarretaria a repetição de todo o procedimento de análise. Ademais, aspectos como o custo das análises, a frequência analítica necessária (amostras por minuto, hora, dia, por exemplo), a periodicidade e nível de manutenção requerida nos instrumentos, determinam a escolha dos procedimentos e dos instrumentos empregados no pré-tratamento, preparo de amostras e análise.

TÉCNICAS DE PREPARO DE AMOSTRAS E A QUÍMICA VERDE **21**

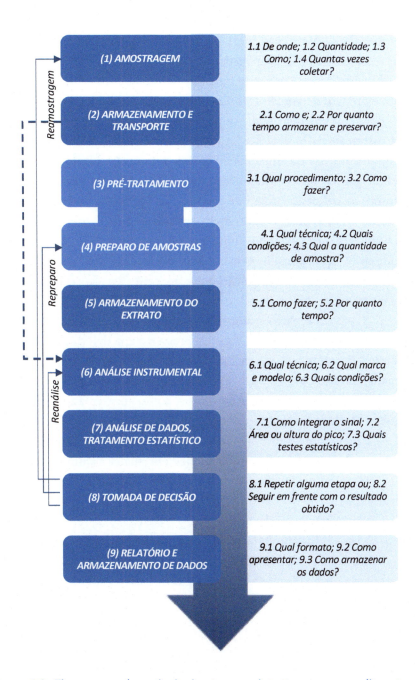

Figura 1.2. Fluxograma das principais etapas existentes nos procedimentos de análise química. A seta pontilhada indica uma análise direta.

Cada uma das etapas apresentadas no fluxograma da **Figura 1.2** tem um impacto no resultado do mensurando, no custo e no tempo gasto durante o procedimento de análise. Neste fluxograma os blocos das etapas de pré-tratamento e preparo de amostras foram propositadamente unidos para indicar a similaridade dessas duas etapas e para salientar o fato de que, para alguns, não há distinção entre elas. Dessa forma, ambas são indiscriminadamente chamadas de preparo de amostras ou de pré-tratamento. Na nossa coletânea, nós iremos considerar pré-tratamento todas as etapas que antecedem a análise química instrumental, mas que não têm os objetivos primários de extrair o analito da **matriz**, pré-concentrar em um solvente de menor volume (por mudança de fase do analito) ou eliminar os interferentes. Alguns exemplos de procedimentos que consideramos como pré-tratamento são: trituração, aquecimento, resfriamento, filtração, agitação, centrifugação, diluição, dissolução e evaporação.

A etapa de preparo de amostras é sabidamente uma das mais importantes e, em boa parte dos casos, é considerada a etapa determinante da análise química. Essa importância varia muito de acordo com a técnica de análise empregada, a tecnologia dessas instrumentações, a concentração do analito, a complexidade das amostras, entre outros, como apresentado no esquema da **Figura 1.3**. Pode-se dizer, sem exageros, que a relação apresentada na **Figura 1.3** é a mais comumente encontrada nos laboratórios, mas não devemos esquecer que o universo de possibilidades em análises químicas é muito grande e, certamente, exceções e particularidades a esse esquema podem ser observadas.

Os casos que consideramos como exceções são aqueles nos quais as amostras são analisadas diretamente ou com um pré-tratamento simples (setas pontilhadas nas **Figuras 1.1 e 1.2**) na instrumentação analítica. Isso torna o procedimento de análise frequentemente mais barato, rápido, menos estressante e menos suscetível a erros.

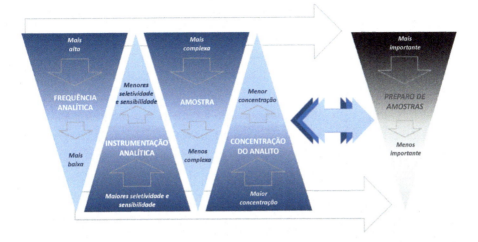

Figura 1.3. Relação da frequência analítica exigida, da instrumentação analítica empregada, da complexidade da amostra e da concentração do analito com a importância da etapa de preparo de amostras para uma análise química.

É comum que analistas, pós-graduandos ou gerentes menos experientes acreditem que empregar, ou não, uma etapa de preparo de amostras é meramente uma questão de escolha. Em grande parte dos casos, nos quais uma amostra complexa pode ser analisada diretamente por um instrumento de análise, pelo menos um destes três fatores é o responsável por tornar isso possível: (1) a concentração do analito é relativamente mais elevada do que o habitual, assim sendo, o seu sinal se sobrepõe, em muitas vezes, ao sinal do ruído gerado pelos **concomitantes** da matriz; (2) o instrumento analítico possui uma tecnologia de operação e/ou um princípio de detecção capaz de minimizar o **efeito de matriz**, e/ou obter **seletividade**, e/ou não sofrer danos severos com a matriz *in natura*; e (3) apesar de a matriz ser complexa e rica em concomitantes, estes não exercem influência significativa sobre o sinal do analito nem danificam, de forma expressiva, a instrumentação analítica empregada. Dessa forma, não empregar qualquer preparo de amostras em um procedimento de análise é praticamente "tirar a sorte grande" em relação ao analito, à matriz, ou à condição financeira privilegiada para a compra de uma instrumentação mais sofisticada e cara. Por esses motivos, são poucas, ou até mesmo raras, as situações em que a análise direta da matriz consegue produzir os resultados desejados.

Uma outra situação relativamente comum em laboratórios, tanto privados como acadêmicos, são os métodos desenvolvidos e validados em uma rotina de pouquíssimas análises e/ou em um curto espaço de tempo de aplicação e avaliação de desempenho. Certamente, uma rotina intensa de análise não é o objetivo científico da maioria dos métodos acadêmicos, porém, tanto a baixa frequência de análise exigida como a falta de continuidade analítica acabam gerando a falsa sensação de que um procedimento analítico sem nenhum preparo de amostras ou com um mínimo de preparo será adequado para demandas analíticas mais intensas.

Por tudo isso, é evidente que o preparo de amostras é importante, crítico e, não raramente, limitante em análises químicas (Majors, 1991; Smith e Lloyd, 1998; Hennion, 1999; Boos e Grimm, 1999; Veraart, 1999; Fritz e Macka, 2000; Rossi e Zhang, 2000; Martin e Bouvier, 2001; Moldoveanu e David, 2002; Augusto e Valente, 2022; Pawliszyn, 2003; Telepchak *et al.*, 2004; Kataoka, 2004; Souverian *et al.*, 2004; Fontanals *et al.*, 2007; Nováková e Vlčková, 2009; Cassiano *et al.*, 2009). Essa realidade é apontada até mesmo nos livros de química analítica qualitativa, quantitativa e instrumental que costumam tratar do assunto, dedicando capítulos inteiros ou, no mínimo, vários tópicos ao tema (Skoog *et al.*, 2006; Skoog *et al.*, 2009; Harris, 2017; do Nascimento *et al.*, 2018). Porém, são os livros e artigos específicos da área que trazem subsídios teóricos mais amplos e profundos aos interessados com destaque para a literatura escrita em língua portuguesa por autores brasileiros com excelentes livros textos e artigos publicados (Queiroz *et al.*, 2001; Lanças, 2004; Tarley *et al.*, 2005; Prestes *et al.*, 2009; Rodrigues *et al.*, 2010; Borges *et al.*, 2015; Caldas *et al.*, 2015; Campos *et al.*, 2015; do Nascimento *et al.*, 2018). Esperamos que a coletânea "TÉCNICAS DE PREPARO DE AMOSTRAS E A QUÍMICA VERDE", contribua com a difusão do conhecimento sobre o tema, auxilie no desenvolvimento de métodos de análise e, futuramente, também se torne uma obra de referência na área.

1.2 Escolha da Técnica e das Condições do Preparo de Amostras

A escolha da técnica de preparo de amostras que será desenvolvida e/ou empregada em uma análise para obtenção de um laudo, uma perícia, um estudo de dissertação ou tese, no controle de qualidade ou no monitoramento de contaminação é, ou deveria ser, uma decisão conjunta da equipe técnica (analista, aluno de pós-graduação, iniciação científica, etc.) com a equipe administrativa do laboratório (gerente, professor orientador, cientista sênior, etc.) (**Figura 1.1**). É importante que haja comunicação entre ambos, para que o setor administrativo/gerencial conheça as dificuldades técnicas operacionais, assim como a equipe técnica saiba exatamente o nível de exigência de prazos, os custos financeiros e de recursos humanos que podem ser despendidos. São comuns as frustações em relação ao rendimento do método em função de um preparo de amostras inadequado ou insuficientemente desenvolvido. Essas frustações também se estendem para empresas ou consultorias contratadas para a tarefa do desenvolvimento do método analítico.

Fundamentalmente, o preparo de amostras tem três objetivos principais: (1) a **extração** do analito; (2) a eliminação de interferentes (**limpeza** ou **clean-up**, em literatura inglesa); e (3) a **pré-concentração**. Existem outras demandas que também podem fazer parte desta etapa (**Figura 1.1**) mas elas costumam estar em um segundo plano no desenvolvimento.

A etapa de extração possui três grandes objetivos, e o principal é fazer com que os analitos presentes em uma fase (amostra) sejam transferidos para outra (um sólido, líquido, gás ou vapor extrator). Assim sendo, a etapa de extração é, de forma simplificada, uma etapa de mudança de fase do analito. Essa mudança pode ser entre: dois líquidos; um líquido e um sólido; um líquido e uma fase de vapor; duas fases de vapor, ambas separadas por membranas; um sólido e uma fase de vapor; um sólido e um fluído supercrítico. Frequentemente, quando a amostra é um sólido, semissólido, emulsão ou gel, as mudanças de fase dos analitos são mais penosas que as demais. Por isso, é mais fácil extrair um poluente presente em uma amostra de água de um rio do que de uma amostra de solo, por exemplo. Com relação à nomenclatura, é comum que, a partir do material obtido da primeira etapa de preparo de amostras (normalmente, mas não necessariamente, a extração), a amostra passe a ser chamada de **extrato**.

O segundo objetivo da extração é que ela seja efetiva ou eficiente (preferencialmente esgote ou extraia os analitos em sua totalidade para a nova fase). Contudo, nem sempre o esgotamento do analito é alcançado ou, até mesmo, possível. Isso faz com que, na prática, parte do analito permaneça na amostra ou se perca de alguma maneira (*e.g.* adsorvido em alguma superfície, degradado, volatilizado etc.).

Por fim, e não menos importante, é aconselhável e desejável que a extração seja seletiva. Isso significa que esperamos extrair apenas os compostos de interesse. Mais uma vez, a realidade observada para matrizes complexas é que várias centenas ou milhares de outras substâncias acabam sendo extraídas, o que resulta em um extrato sujo, com uma quantidade de concomitantes considerável.

Quando o procedimento de análise tem o objetivo de determinar, simultaneamente, compostos com diferentes propriedades físico-químicas (polar, apolar, catiônico, aniônico, zwiteriônico, anfifílico, etc.), é comum obter-se grandes diferenças na eficiência com que alguns compostos são extraídos. Com esses métodos, a seletividade muitas vezes precisa ser "sacrificada", pelo menos em parte, para que o mínimo de eficiência seja contemplado. Essa realidade é bastante comum nos chamados métodos abrangentes, multicompostos ou multianalitos, nos quais muitos analitos presentes em uma matriz (várias dezenas ou centenas) precisam ser determinados. O inverso também é verdadeiro quando a **eficiência de extração** é conscientemente deixada em segundo plano, para que uma maior seletividade seja obtida. Nesse aspecto, é quase uma regra pensar que - quanto mais os analitos são extraídos, mais os interferentes também são - e, com isso, a seletividade é reduzida. Assim, é comum se buscar uma condição de compromisso entre seletividade e eficiência de extração (**Figura 1.4**).

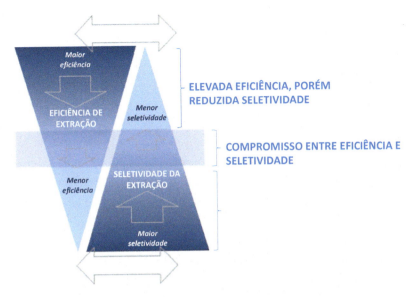

Figura 1.4. Relação frequentemente observada entre a eficiência e a seletividade de extração, com uma região de compromisso, para que um mínimo de ambas seja obtido.

O *clean-up* ou limpeza também é um dos objetivos do preparo de amostras e visa eliminar os interferentes da matriz ou do extrato da matriz até um nível aceitável. Existem diferentes estratégias para remover interferentes de uma amostra e obter a limpeza desejada. A escolha vai depender muito da técnica de preparo empregada e das propriedades físico-químicas dos interferentes que se quer remover, assim como dos analitos que não é desejado perder. Em geral, pode-se realizar um ou mais dos seguintes procedimentos:

1) Lavar um material adsorvente que contenha analitos e interferentes, buscando a remoção destes últimos;

2) Particionar uma amostra ou extrato com um líquido imiscível, visando descartar a fase rica em interferentes;

3) Aquecer ou irradiar uma amostra, extrato ou adsorvente que contenha os analitos e interferentes, buscando a remoção ou decomposição destes últimos;

4) Congelar uma amostra ou extrato, visando separar uma fase sólida e outra líquida, uma delas rica em analito purificado e a outra rica em interferentes;

5) Adicionar um reagente em uma amostra ou extrato, para precipitar alguns interferentes;

6) Adicionar um **material sorvente** em uma amostra ou extrato, visando sorver os interferentes na sua superfície e, depois, remover por filtração, centrifugação ou outra técnica adequada;

Alguns detalhes de execução, vantagens e desvantagens de cada uma dessas estratégias serão discutidos nos capítulos dedicados às técnicas de preparo de amostra específicas abordadas na nossa coletânea. Contudo, comum a todas elas, é o fato de que há (sempre) um risco significativo de perda de analito durante a remoção dos interferentes na etapa de *clean-up*. De fato, frequentemente observa-se que quanto mais "eficiente" é o agente de *clean-up* para a remoção de interferentes, maiores são as chances de perdas dos compostos de interesse (**Figura 1.5**).

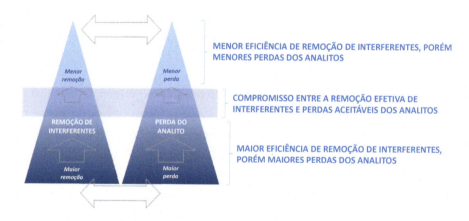

Figura 1.5. Relação frequentemente observada entre a eficiência de remoção de interferentes e a perda dos analitos durante a etapa de *clean-up*.

Por exemplo, em uma situação hipotética de extração de poluentes em água por **extração em fase sólida** (*solid phase extraction*, **SPE**), a etapa de *clean-up* será realizada através da eluição de um solvente adequado por um cartucho onde os analitos e os interferentes se encontram sorvidos sobre um determinado material sorvente. Nesse exemplo, se o analista empregar um solvente de limpeza com muita **força eluotrópica** e/ou um volume muito elevado, ele poderá remover tanto os interferentes quanto os analitos.

Antes que um leitor mais experiente em preparo de amostras discorde do que foi colocado, é importante mencionar que também buscamos seletividade na etapa de *clean-up*. Dessa forma, as estratégias mencionadas são utilizadas, mas de forma que sua atuação (seu impacto) seja mais direcionada aos interferentes. Um dos grandes desafios em realizar o *clean-up* de forma seletiva é a dificuldade em conhecer, com maiores detalhes, as propriedades físico-químicas de todos os interferentes da matriz que se deseja remover.

Na prática, as características das quais temos conhecimento são mais gerais, como: se o interferente é proteico, é um sal, tem natureza lipídica, é solúvel em água e assim por diante. Em alguns casos, essas características gerais são suficientes para o direcionamento do que será feito na etapa de *clean-up*, mas em outros, infelizmente, isso é pouco para que a seletividade desejada seja obtida. Mais uma vez, quando pensamos em métodos de análise para compostos com propriedades físico-químicas bastante diferentes, especialmente em métodos multianalitos, essa busca se torna ainda mais difícil. Nesses casos, encontrar uma condição de compromisso entre uma remoção adequada de interferentes e um nível aceitável de perda de analito, via de regra, é um objetivo mais factível.

Em análises químicas, muitas vezes, é preciso reduzir o volume de solvente onde os analitos se encontram, para que suas concentrações aumentem e, consequentemente, o sinal instrumental durante a leitura também seja incrementado. A essa etapa dá-se o nome de pré-concentração e sua necessidade está fortemente relacionada à **sensibilidade** (relação entre o sinal e a concentração do analito) e à **detectabilidade** (menor concentração discernível do analito na amostra) do equipamento para cada analito em questão. Quanto maiores a sensibilidade e a detectabilidade instrumental, menor será a exigência de uma pré-concentração.

Uma das maiores limitações em usar equipamentos ultrassensíveis é o custo, tanto de aquisição quanto de manutenção para que eles continuem operando em sua capacidade máxima. No caso de algumas tecnologias analíticas, para um laboratório, adquirir um equipamento com uma ordem de grandeza superior em sensibilidade e detectabilidade significa empenhar o dobro (ou mais!) de recursos financeiros.

Em um primeiro momento, pode parecer relativamente fácil obter uma pré-concentração adequada, mas, na prática, muitas vezes, esse é um grande desafio. Vamos imaginar quatro situações analíticas distintas para entender os motivos:

(a) Em um procedimento de análise, precisamos determinar um fármaco antiepilético em amostras de plasma humano (1,00 mL de amostra);

(b) No outro procedimento, será quantificado o teor de cinco diferentes poluentes em 50,00 mL de água superficial;

(c) No terceiro caso, precisamos descobrir o teor de três marcadores tumorais em 40,00 mL de urina de pacientes;

(d) No quarto e último problema analítico, vamos determinar o teor de uma espécie química potencialmente mutagênica, não volátil, em 100,00 mL de amostras de gasolina.

Independentemente da técnica de preparo de amostras que será utilizada, para as quatro situações hipotéticas acima, assim como para qualquer situação real, os obstáculos para se obter a pré-concentração desejada são diferentes. Existem algumas questões importantes que devem ser levantadas antes, durante e depois das tentativas de pré-concentração (Figura 1.6).

É interessante que o analista manipule volumes confortáveis de amostras ou extratos, especialmente quando um fator de pré-concentração elevado é requerido. Por exemplo, na situação (a), na qual é analisado 1,00 mL de amostra de plasma, provavelmente não conseguiríamos obter um fator de pré-concentração muito superior a 20 vezes, o que corresponderia a uma transferência de toda quantidade de matéria dos analitos da amostra para um volume final de 50 mL de extrato. Esse volume ainda pode ser manipulado, mas é bastante reduzido, o que dificulta a sua utilização, além de ser uma quantidade de extrato insuficiente para algumas técnicas analíticas instrumentais. Além disso, como se trata de uma amostra biológica coletada de forma invasiva, também não é comum, e nem recomendado, desenvolver métodos que utilizem volumes de coleta muito superiores a 1,00 mL.

Existem, ainda, outras matrizes, cujo volume ou massa coletados são mais críticos como: lágrima e alguns resíduos forenses. Algumas amostras forenses são únicas e de volume ou massa muito reduzidos, como, por exemplo, um único fio de cabelo em uma cena de crime. Em contrapartida, para as situações (b) (50,00 mL de água superficial) e (d) (100,00 mL de gasolina), a princípio, não há grandes obstáculos caso se queira coletar e trabalhar com volumes maiores de amostras do que aqueles que foram apresentados. Por fim, a amostra (c) (40,00 mL de urina) poderia ser interpretada como uma situação de dificuldade intermediária para conseguir volumes maiores.

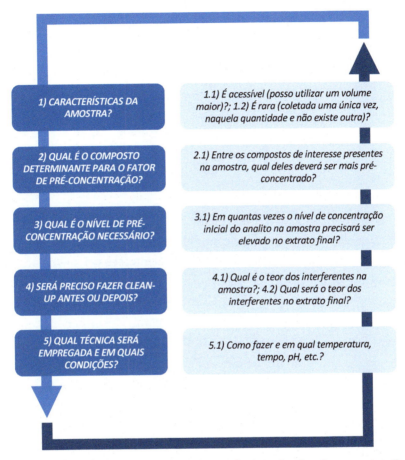

Figura 1.6. Algumas questões importantes relacionadas à pré-concentração que devem ser levadas em consideração.

Quando a análise é dedicada a somente um composto de interesse (hipótese (a) e (d)), todas as ações de otimização são voltadas para ele, o que facilita bastante o trabalho de desenvolvimento do método, incluindo o desafio da etapa de pré-concentração. Já para o método multianalitos, como nos casos dos cinco poluentes em água superficial (b) e os três marcadores em urina (c), o desafio de obter uma pré-concentração adequada é aumentado. De forma simplificada, o **fator de pré-concentração** desejado ou requerido

(FPC) é uma estimativa relativamente grosseira, pois muitas informações necessárias para um cálculo mais preciso só estarão disponíveis depois de finalizada toda a otimização e validação do método analítico. Contudo, de forma aproximada e inicial, o fator de pré-concentração requerido pode ser calculado da seguinte forma:

$$FPC = \frac{MCD}{CA} \times \frac{1}{EE} \quad (1.1)$$

$$EE\,(\%) = \frac{EABF}{EFAB} \times 100 \quad (1.2)$$

Na equação 1.1, CA representa a concentração-alvo (ou de interesse) do analito na amostra. Esse é um valor orientado ou exigido por aqueles que definem o caráter da análise, como o seu cliente, seu gerente de produção, entre outros, e que pode ser determinado por uma resolução de instituições/empresas/organizações como CONAMA, ANVISA, MAPA, FDA, etc (Figura 1.7 - A). O termo MCD foi definido como a mínima concentração do analito discernível do ruído. O MCD é obtido por meio da fortificação do extrato de uma amostra branca em uma concentração capaz de gerar um sinal adequado de análise (Figura 1.7 - B). A amostra branca ou amostra-branco, ou ainda, branco de amostra, é considerada aquela amostra livre de analito. Por exemplo, a urina de uma pessoa que não fez uso de uma determinada droga ou medicamento não endógeno é considerada branca para aquela substância em questão. Entenda-se por sinal adequado, por enquanto, um sinal discernível do ruído proveniente da análise do extrato da amostra branca (EAB) nas mesmas condições de extração e análise.

Por outro lado, EE, nas equações 1.1 e 1.2, representa a eficiência de extração (em algumas referências pode ser chamado de recuperação) do analito em questão. A EE, basicamente, descreve as perdas durante todas as etapas de pré-tratamento e preparo de amostras e, por isso, ela é calculada pela relação entre o sinal proveniente da análise do extrato da amostra branca fortificada ($EABF$) e o sinal do extrato fortificado da amostra branca

($EFAB$) (**Figura 1.7 - C**). Para as amostras $EABF$ e $EFAB$ é comum realizar uma fortificação em valores de duas a cinco vezes superiores ao MCD, uma vez que, neste estágio do desenvolvimento, não se tem pleno conhecimento das perdas durante as diferentes etapas do pré-tratamento e do preparo de amostras.

Na **Figura 1.7**, é apresentada uma ilustração de como cada uma das amostras mencionadas é obtida. Nesse esquema, todas as amostras mencionadas são submetidas aos mesmos pré-tratamento, preparo de amostra e condições de análise instrumental.

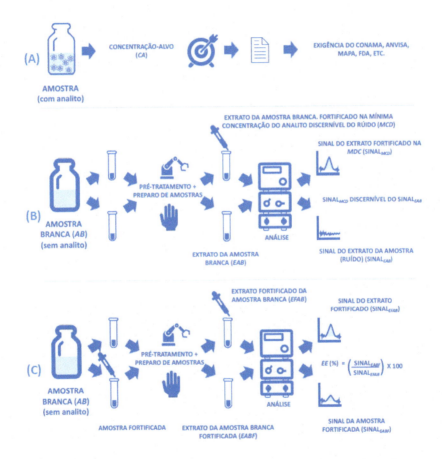

Figura 1.7. Como obter: (A) a concentração-alvo (CA), (B) a mínima concentração discernível do analito (MCD) e (C) a eficiência de extração, para o cálculo do fator de pré-concentração (FPC).

Em determinações multianalitos, é comum que os diferentes compostos de interesse requeiram diferentes níveis de pré-concentração. Para facilitar o entendimento, vamos trabalhar com a situação hipotética da análise dos cinco poluentes em água superficial, citada anteriormente, e examinar os fatores de pré-concentração de cada analito (Tabela 1.1).

Tabela 1.1. Diferença entre os fatores de pré-concentração para uma situação hipotética de análise de cinco contaminantes em água

Analitos	Concentração-alvo $(CA)^1$ (mg L^{-1})	Mínima concentração discernível $(MCD)^2$ (mg L^{-1})	Eficiência de extração $(EE)^2$ (%)	Fator de pré-concentração (FPC)
Pentaclorofenol	3,000	12,000	90	4,4
Tetracloroeteno	3,300	40,000	80	15,2
Criseno	0,018	0,100	95	5,8
2,4,6-triclorofenol	2,400	35,000	85	17,2
Benzo(a)pireno	0,018	0,200	85	13,1

[1]Níveis estipulados pela resolução CONAMA 357; [2]Os valores de mínima concentração discernível (MCD), assim como de eficiência de extração (EE) são hipotéticos.

No caso hipotético da Tabela 1.1, fica claro que não foram os compostos de menor CA (criseno e benzo(a)pireno), ou mesmo aquele de maior MCD (tetracloroeteno), que exigiram a máxima pré-concentração, mas sim o 2,4,6-triclorofenol, cujo FPC estabelecido foi de 17,2. Para saber qual é o **volume do extrato final** (VEF) necessário para obter a pré-concentração calculada basta usar o **volume da amostra analisada** (VAA) e o fator de pré-concentração (FPC), como apresentado na **equação 1.3**:

$$VEF = \frac{VAA}{FPC} \times 100 \qquad (1.3)$$

No caso do 2,4,6-triclorofenol, o FPC estipulado foi de 17,2, e o VAA 50,00 mL. Logo, o VEF deverá ser:

$$VEF = \frac{50{,}0}{17{,}2} = 2{,}91 \; mL$$

Um volume de 2,91 mL para um extrato final é bastante factível, ou seja, não existem grandes dificuldades técnico-operacionais para a manipulação desse volume. Por outro lado, para uma amostra de apenas de 1,00 mL, como na situação (a) de determinação do fármaco em amostras de plasma humano, uma pré-concentração de 17,2 vezes (volume do extrato final de 0,058 mL) seria bem mais complicada de operacionalizar. Uma maneira de verificarmos se a pré-concentração necessária será viável é racionalizar a relação entre o VAA e o VEF. A relação desses dois volumes deverá ser igual ao FPC (equação 1.4):

$$FPC = \frac{VAA}{VEF} \times 100 \qquad (1.4)$$

Ao encontrar os primeiros valores de FPC e VEF, o analista que está desenvolvendo ou aplicando o método deverá responder às seguintes perguntas:

1) O volume do extrato final é factível ou é impraticável?

2) Será preciso elevar o volume de amostra para que o volume do extrato final não necessite ser reduzido a esse nível?

3) É possível elevar o volume da amostra ou isso é impraticável?

4) De forma alternativa, é possível reduzir o volume da amostra coletada para evitar desperdícios de solvente e de materiais?

A depender das respostas obtidas, o analista que está desenvolvendo o método poderá tomar a decisão de tentar buscar a pré-concentração necessária ou, de forma mais drástica, chegar à conclusão de que a única alternativa é adquirir um equipamento com detectabilidade e sensibilidade adequadas.

Como discutido anteriormente, existem alguns limitadores para realizar a pré-concentração, especialmente quando a matriz possui uma carga de interferentes muito elevada. Um deles é a determinação do MCD (equação 1.1 e Figura 1.7 - B), que possui um valor subestimado, uma vez que, neste momento do desenvolvimento, ainda não temos os valores verdadeiros nem do ruído (análise do extrato da amostra branco), nem do analito (análise do

extrato fortificado da amostra branco no MCD) obtidos em condições, de fato, otimizadas.

Durante a pré-concentração do analito é comum, e até mesmo esperado, que alguns ou muitos interferentes também se concentrem, e outros processos de perdas sejam incluídos, impactando o ruído e o sinal do analito. Dessa forma, após a estimativa do FPC, é preciso verificar se o resultado desejado foi alcançado. Essa verificação é realizada por meio da análise do $EABF$ (**Figura 1.7 - C**), porém, desta vez, fortificada na CA, já que o método é desenvolvido, a princípio, visando essa concentração. Se a análise do extrato da amostra branca fortificada na CA gerar um sinal instrumental discernível do ruído, então, conclui-se que a pré-concentração foi efetiva. Caso contrário, será necessário repetir, de forma iterativa, a otimização dos procedimentos de pré-concentração, a estimativa do MCD, da EE e do FPC, e refazer as etapas **B** e **C** da **Figura 1.7**, empregando-se os novos valores estimados (**Figura 1.8**). É recomendável que o processo iterativo de melhora da pré-concentração seja acompanhado pela análise do EAB, para verificarmos se uma melhora do *clean-up* será necessária.

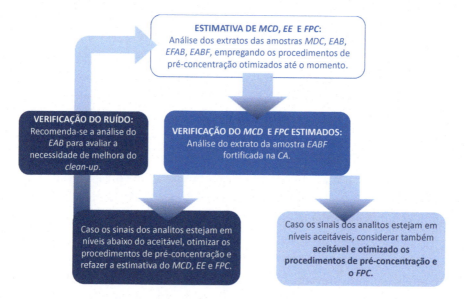

Figura 1.8. Iteração entre o MCD e o FPC para otimização da etapa de pré-concentração. O ciclo se inicia na etapa "ESTIMATIVA DE MCD, EE E FPC".

Outro ponto muito importante no desenvolvimento é saber como o solvente da amostra ou do extrato será reduzido para obtermos a pré-concentração desejada. Para algumas amostras, como no exemplo (d) de 100,00 mL de amostra de gasolina, o analito foi declarado não volátil e o solvente constituinte da matriz possui uma relativa volatilidade. Essas características abrem a possibilidade de uma evaporação sob aquecimento controlado, ou por aspersão de um gás secante (ar comprimido ou nitrogênio). Por outro lado, a simples evaporação de solventes tem pouca capacidade de eliminar interferentes não voláteis o que pode resultar no aumento considerável da concentração dessas substâncias indesejáveis no extrato final. Dessa forma, se não for dada a devida atenção ao *clean-up*, antes ou depois da pré-concentração, pode-se obter um resultado catastrófico no extrato obtido (pergunta 4, Figura 1.6). Nos casos em que um gás secante ou aquecimento são usados para evaporação do solvente, deve-se atentar também à estabilidade dos analitos durante essa etapa. Não são raros os casos de degradação por oxidação ou termodecomposição durante a evaporação do solvente, além de possíveis adsorções irreversíveis do analito no interior dos frascos onde está ocorrendo esta etapa.

Já para amostras aquosas ricas em minerais, proteínas e outros compostos, como tecidos biológicos, alimentos e ambientais (exemplos das amostras de plasma (a), água superficial (b) e urina (c)), é pouco praticável pensar que a pré-concentração será obtida pela simples evaporação do principal solvente da matriz (água). Devido à composição dessas matrizes, provavelmente esse procedimento acarretaria a precipitação de muitos compostos solúveis não voláteis, tornando ainda mais difícil o *clean-up* e a análise do extrato. É importante deixar claro que o exemplo recém-mencionado não é uma situação impossível, porém, é mais comum: (1) ou extrair os analitos da matriz água para um solvente mais volátil que será evaporado; (2) ou fazer uma prévia remoção de interferentes, para depois realizar a evaporação da água e, assim, evitar a precipitação de componentes solúveis e uma superconcentração de interferentes.

Independentemente da estratégia que será empregada, ela sempre deverá ser orientada pela composição da amostra inicial, as propriedades físico-químicas dos analitos e interferentes, a estabilidade desses analitos nessas condições; se o *clean-up* será realizado antes ou depois, e quais são os recursos de evaporação de solvente disponíveis. Dessa forma, é muito importante responder, de forma criteriosa, a todas as questões da Figura 1.6, para que não ocorra uma sub ou superestimação do trabalho de pré-concentração que deve ser realizado.

Além da otimização do desempenho da etapa de preparo de amostras, existem questões operacionais e gerenciais que vão além da parte analítica do procedimento, mas que não podem ser menosprezadas (Figura 1.1). Uma delas é o tempo que o preparo de amostra consome do tempo total do procedimento de análise. Em um levantamento realizado em 2013 por uma das empresas líder em cromatografia, os analistas atribuíram uma média de 61% do tempo total de uma análise à etapa de preparo de amostras (Agilent, 2013).

Devido ao avanço dos métodos de separação cromatográficos e eletroforéticos, com corridas de pouquíssimos minutos, é possível que, em alguns métodos de análise, o preparo de amostra seja responsável por mais de 90% do tempo total gasto, incluindo-se a etapa de elaboração do relatório final de análise (Figura 1.2). Nessas situações, o preparo acaba se tornando o fator limitante da frequência analítica, sendo considerado o "vilão" do procedimento.

A porcentagem de tempo dedicado ao preparo de amostras é determinada por vários fatores. Existem amostras cuja extração do analito é difícil, fazendo com que grande parte do tempo seja despendido a essa etapa. Amostras sólidas e semissólidas como cabelo, tecidos animais e vegetais rígidos, minerais, em geral, são mais complicadas para extrair o analito com eficiência e, depois de extraído, a elevada quantidade de interferentes coextraídos irá exigir um grande esforço de *clean-up*. Nesses casos, é pouco provável (mas não impossível!), que exista uma técnica muito mais veloz e capaz de reduzir drasticamente o tempo dedicado ao preparo.

Por outro lado, mesmo para essas situações, há alternativas que podem permitir a compensação desse problema. Uma delas é o emprego de sistemas automatizados de preparo de amostras. Alguns equipamentos automatizados são extremamente ágeis e executam várias operações unitárias simultaneamente, com precisão e velocidade. Portanto, automatizar o preparo de amostras pode ter um impacto positivo significativo no aumento da frequência analítica, na redução do estresse do operador, que não precisará realizar tantas etapas repetitivas, e na própria reprodutibilidade dos resultados das análises. O grande problema desses equipamentos é o custo de aquisição e manutenção, que pode chegar a cifras de centenas de milhares de dólares. Porém, existem diferentes níveis de automação, com equipamentos comerciais menos sofisticados e mais acessíveis, que executam apenas algumas das operações unitárias, mas que podem conferir um ganho considerável de tempo.

Outra possibilidade de redução de tempo e esforços é o emprego de técnicas de preparo e/ou de dispositivos que permitam realizar múltiplas extrações paralelas ou em batelada. Existem técnicas que possibilitam realizar vários preparos de amostras simultaneamente, sem a necessidade de empregar equipamentos sofisticados. A extração líquido-líquido é uma delas. Utilizando-se tubos com tampa convencionais e baratos, é possível adicionar a cada um deles uma amostra, um solvente extrator e agitar a mistura com um agitador rotativo. Consequentemente, o tempo despendido para realizar a etapa de agitação é dividido pela capacidade máxima de tubos comportados no agitador. Nos capítulos dedicados aos diferentes preparos de amostras iremos mostrar, em detalhes, como cada uma das técnicas de preparo pode ter o tempo reduzido com essa e outras estratégias.

Ainda, uma outra maneira de reduzir o tempo de todo o método de análise e não somente aquele gasto no preparo é reduzir o número de operações unitárias. Por exemplo, se uma amostra recebe certo volume do reagente solvente A, depois outro volume do reagente B, e outro do reagente C, é preciso verificar se é possível reduzir essas etapas de adições para um único volume da mistura adequada dos reagentes A, B e C. Nem sempre essa redução é trivial ou mesmo possível, porém, em alguns casos, a falta de iniciativa ou de conhecimento dos parâmetros que influenciam o procedimento de análise, ou, ainda, o pouco tempo para uma avaliação dos impactos dessas mudanças no resultado acabam por fazer com que os laboratórios se "acostumem com um preparo de amostra sofrível".

Há uma grande diversidade de técnicas de preparo de amostras e de sequências de execução possíveis, para alcançar os três principais objetivos que são a extração, o *clean-up*, e a pré-concentração (**Figura 1.9**). Por isso, escolher, conhecer, otimizar e aplicar qualquer técnica de preparo de amostras é, quase sempre, uma tarefa árdua e que envolve decidir seguir um determinado caminho, entre muitos possíveis (**Figura 1.10**).

Uma amostra com um analito pode ter o seu preparo realizado de diferentes maneiras, combinando técnicas e condições diferentes, agrupando etapas, e assim por diante. Essa riqueza de possibilidades pode tornar confusa ou equivocada a estratégia adotada. Qualquer que seja a escolha, ela deve ser feita de forma consciente, criteriosa e de maneira que atenda às necessidades da análise em questão.

A finalidade do preparo de amostras é "entregar" para o equipamento analítico um extrato mais limpo e/ou em maior concentração do analito do que observado na amostra original. Quanto mais eficiente e ajustada a etapa de preparo de amostras, menos trabalhoso para o analista, mais barato, rápido, preciso, reprodutível o método será. Isso evidencia que ele foi suficientemente desenvolvido e as escolhas foram acertadas.

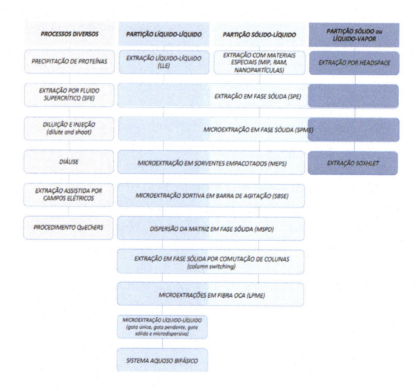

Figura 1.9. Algumas técnicas de preparo de amostras e os principais processos físico-químicos que as governam. SFE: *supercritical fluid extraction*; QuEChERS: *quick, easy, cheap, effective, rugged, and safe*; LLE: *liquid-liquid extraction*; RAM: *restricted access materials*; SPE: *solid phase extraction*; SPME: *solid phase microextraction*; MEPS: *microextraction by packed sorbent*; SBSE: *stir bar sorptive extraction*; MSPD: *matrix solid phase dispersion*; LPME: *liquid-phase microextraction*.

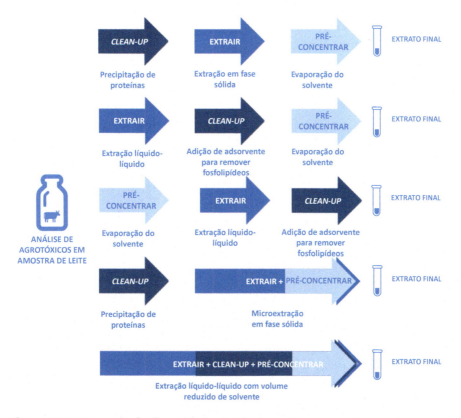

Figura 1.10. Exemplo da diversidade de técnicas de preparo de amostras, e em diferentes estratégias para obtenção de *clean-up*, extração e pré-concentração de analitos em uma matriz.

1.3 Princípios da Química Verde e sua Influência nas Técnicas de Preparo de Amostras

É de amplo conhecimento que as atividades antrópicas causam efeitos nocivos no meio ambiente, resultando no extermínio de várias espécies de plantas e animais, na poluição do ar, da água e do solo, além do aquecimento e da mudança do clima em todo o planeta. Cada ação que realizamos contribui de forma distinta para essa situação deletéria, com um grande destaque para o impacto causado pelos materiais e substâncias à base de petróleo (lubrificantes, plásticos), a queima de combustíveis fósseis, o descarte de esgoto doméstico e resíduos industriais, o uso em larga escala de agrotóxicos, a queima de florestas, entre outros.

Ainda que algumas atividades contribuam muito, ou muitíssimo pouco, para esse processo, é extremamente importante que um esforço de conscientização ecológica seja feito em qualquer área do conhecimento e em qualquer nível de atuação. Por isso, a nossa coletânea de livros de preparo de amostras será direcionada para técnicas que consideramos mais alinhadas com conceitos da química verde (QV), ou, ainda, para aquelas técnicas de preparo que tradicionalmente não são ecológicas, mas que podem serem realizadas de forma mais ambientalmente amigáveis. Tentaremos dar subsídios teóricos e bons exemplos de métodos nos quais os insumos químicos ambientalmente mais agressivos foram completamente eliminados ou, pelo menos, significativamente reduzidos.

A importância das questões relacionadas ao meio ambiente ganhou imensa popularidade e destaque nos debates científicos, fóruns governamentais e até estratégias de marketing de grandes corporações nos últimos dez anos, mas essas questões vêm sendo colocadas em discussão há cerca de 40 anos. Somente no início dos anos 90 é que o termo química verde (QV) começou a ser difundido e debatido. No entanto, rapidamente ele se tornou um conceito amplo, consolidado e um objetivo a ser alcançado tanto pela iniciativa privada como pelo meio acadêmico (Lenardão *et al.*, 2003; Machado, 2011; Farias *et al.*, 2011; Sousa-Aguiar *et al.*, 2014).

Segundo Lenardão e colaboradores (2003) a QV pode ser definida como "**o desenho, desenvolvimento e implementação de produtos químicos e processos para reduzir ou eliminar o uso ou geração de substâncias nocivas à saúde humana e ao ambiente**". Essa definição ampla conferiu uma grande responsabilidade a todos os setores da sociedade, uma vez que, invariavelmente, todos somos fontes de poluição e causadores de impacto ao meio ambiente.

Segundo os conceitos da QV, existem doze objetivos principais que precisam ser perseguidos:

1) Prevenção;
2) Economia de átomos;
3) Síntese de produtos menos perigosos;
4) Desenho de produtos seguros;

5) Solventes e auxiliares mais seguros;
6) Busca pela eficiência de energia;
7) Uso de fontes renováveis de matéria-prima;
8) Evitar a formação de derivados;
9) Catálise;
10) Desenho para a degradação;
11) Análise em tempo real, para a prevenção da poluição;
12) Química intrinsecamente segura para a prevenção de acidentes.

Os objetivos propostos no conceito da **QV** também podem ser incluídos no desenvolvimento das técnicas de preparo de amostras (**Figura 1.1**) e muitos trabalhos têm buscado essa abordagem (Morales-Cid *et al.*, 2010; Szczepańska *et al.*, 2018; Sajid, 2018; Belinato *et al.*, 2018; Olcer *et al.*, 2019; Santana-Mayor *et al.*, 2021; Agrawal *et al.*, 2021; Cao e Su, 2021; Paiva *et al.*, 2021; da Silva *et al.*, 2021; Vasconcelos *et al.*, 2021; Kaya *et al.*, 2022; Khataei *et al.*, 2022). É perfeitamente possível, durante o preparo de amostras, racionalizar os procedimentos para utilizar menos solventes; empregar solventes menos tóxicos; reduzir as quantidades de materiais; gerar menos resíduos; reutilizar materiais, solventes ou dispositivos; gastar menores quantidades de energia e assim por diante. No entanto, para isso, é preciso ir além dos protocolos previamente estabelecidos, entender os conceitos envolvidos em cada procedimento e inovar com conhecimentos que permitam otimizar os métodos analíticos, conferindo maior rapidez, eficiência e menor geração de resíduos.

No capítulo 2 do nosso primeiro volume, abordaremos a **Eletroextração**, uma das técnicas de preparo de amostras mais promissoras para alcançar os objetivos da **QV.** Por meio dessa técnica, o consumo de solventes e a geração de resíduos podem ser diminuídos a poucos microlitros. Já no capítulo 3, trataremos de materiais **Biossorventes**, para os quais incluímos muitos exemplos de desenvolvimento e aplicações de materiais, reciclados ou reutilizados, alguns de fontes naturais, e que possuem grande capacidade para o preparo de amostras com baixo impacto ao meio ambiente. Nos outros volumes da nossa coleção nós iremos abordar diversas outras técnicas de preparo, sempre com um olhar crítico para as questões ambientais, a fim de racionalizar o preparo de amostras e alcançar alguns dos doze objetivos citados. Ao conhecer em detalhes as técnicas abordadas, esperamos que os desenvolvedores dos métodos consigam ter subsídios teóricos para tornar "mais verdes" o preparo de amostras e os procedimentos de análise.

É provável que a contribuição de procedimentos de análise mais verdes tenha um impacto discreto nos problemas ambientais que estamos observando, mas o desenvolvimento da consciência e senso crítico no assunto certamente irá transpor nosso objetivo inicial, atingindo outros setores e processos, que vão muito além da análise química.

Glossário

Amostra: porção de matéria onde se encontram, ou podem se encontrar, os analitos de interesse.

Amostra branca: amostra-branco ou branco de amostra.

Analito: espécie química de interesse.

Biossorvente: material ou substância sorvente de origem biológica.

CA: concentração-alvo.

Concomitantes: espécies químicas, que não os analitos, presentes na matriz e que possuem o potencial de interferir no resultado da análise.

Detectabilidade: pode ser entendida como a menor concentração de analito capaz de gerar um sinal discernível do ruido. Quando o sinal do analito é obtido pela análise de uma solução padrão é considera como a detectabilidade instrumental. Quando a análise é realizada em um extrato de uma amostra é denominada detectabilidade do método analítico ou do procedimento de análise.

EAB: extrato da amostra branca.

EABF: extrato da amostra branca fortificada.

EFAB: extrato fortificado da amostra branca.

Efeito de matriz: interferência de concomitantes da matriz no sinal instrumental do analito.

Eficiência de extração: em algumas referências aparece como recuperação e representa o percentual da quantidade de matéria do analito observada no extrato em relação à sua quantidade de matéria presente na amostra.

Eletroextração: conjunto de técnicas de preparo de amostras que empregam campos elétricos como força motriz dos analitos e/ou interferentes.

Erro de medição: em metrologia, representa a diferença algébrica entre o resultado de uma medição e o valor verdadeiro do mensurando.

Extração: refere-se à etapa e/ou processo de transferência do analito de uma fase para outra. Por exemplo, a transferência de um analito presente em uma matriz aquosa (e.g. urina) para um solvente orgânico por um mecanismo de partição em uma extração do tipo líquido-líquido.

Extrato: produto de uma amostra obtido após a etapa do preparo e onde se espera que uma pré-concentração do analito e/ou uma remoção de interferentes tenha sido alcançada.

Frequência analítica: número de resultados de análise por período. Por exemplo, quantidade de amostras de sangue analisadas e processadas em uma hora, dia, etc.

FPC: fator de pré-concentração.

Fontes de erros: todos os erros humanos, instrumentais e de procedimento de análise que, na sua totalidade, causam desvios entre os valores individuais medidos e sua média (erro aleatório), além do desvio da média dos valores medidos em relação ao seu valor verdadeiro (erro sistemático).

Força eluotrópica: medida da energia de adsorção de um solvente. De forma mais abrangente, pode ser considerada, sob certas circunstâncias, como a capacidade de um solvente reduzir a constante de distribuição (K_D) do analito entre a fase estacionária e a fase móvel.

Limpeza: *clean-up*; refere-se à etapa e/ou processo de remoção de interferentes de uma matriz.

Material sorvente: material que possui grupos químicos em sua superfície e que são capazes de interagir com os analitos ou com interferentes, removendo-os total ou parcialmente da matriz.

Matriz: todos os constituintes químicos e, em todas as suas formas físico-químicas, que compõem uma amostra.

MCD: mínima concentração do analito discernível do ruído.

Mensurando: grandeza que se pretende medir. No caso de uma grandeza relacionada ao analito pode ser, por exemplo, a concentração dele em uma amostra.

Metrologia: ciência que estuda os aspectos práticos e teóricos dos sistemas de medição.

Pré-concentração: efeito de se obter um extrato de uma amostra com uma concentração do analito superior àquela observada na amostra de partida.

Pré-tratamento: conjunto de técnicas e procedimentos de manipulação de amostras que é realizado previamente ao preparo de amostras.

Preparo de amostras: conjunto de técnicas e procedimentos de manipulação de amostras que objetiva, em essência, pré-concentrar o analito e/ou remover interferentes da matriz.

QV: química verde.

Seletividade: em sentido mais amplo, refere-se à capacidade de discernimento ou direcionamento de uma ação a um grupo de analitos. Por exemplo, a capacidade do sinal instrumental de um analito não ser afetado pela presença de interferentes presentes na cela de detecção. No caso do preparo de amostra, diz-se que a extração foi seletiva se ela foi capaz de recuperar o analito com pouca coextração de interferentes. Por outro lado, na etapa de limpeza, considera-se que ela foi seletiva se os interferentes foram removidos com pouca perda dos analitos.

Sensibilidade: relação entre a variação da resposta instrumental e a variação da grandeza que o instrumento está medindo. Por exemplo, a absorbância dividida pela concentração do analito que a gerou. Em algumas referências pode aparecer diferenciada em sensibilidade instrumental (quando é realizada uma medição com soluções padrão, sem etapas prévias de pré-tratamento e preparo de amostras) e sensibilidade do método ou do procedimento de análise (onde a amostra contendo o analito é submetida a todas as etapas e o extrato é analisado).

SPE: *solid phase extraction*; extração em fase sólida. Técnica de preparo de amostras que emprega, em sua modalidade mais difundida, cartuchos descartáveis recheados com sorventes, com capacidade de extrair e pré-concentrar analitos que entram em contato com sua superfície.

Validação: verificação na qual os requisitos especificados são adequados para um uso pretendido.

VAA: volume da amostra analisada.

VEF: volume do extrato final.

Referências

Agilent Technologies. Sample Preparation Fundamentals for Chromatography, 2013, https://www.agilent.com/cs/library/primers/Public/5991-3326EN_SPHB.pdf, acessada em julho de 2022.

Agrawal, A.; Keçili, R.; Ghorbani-Bidkorbeh, F.; Hussain, C. M.; Green miniaturized technologies in analytical and bioanalytical chemistry. *TrAC - Trends Anal. Chem.* **2021**, *143*, 116383. https://doi.org/10.1016/j.trac.2021.116383.

Akapo, S.O.; Dimandja, J.-M.D.; Kojiro, D.R.; Valentin, J.R.; Carle, G.C.; Gas chromatography in space. *J. Chromatogr. A* **1999**, *843*, 147. https://doi.org/10.1016/S0021-9673(98)00947-9.

Augusto, F.; Valente, A. L. P.; Applications of solid-phase microextraction to chemical analysis of live biological samples. *TrAC - Trends Anal. Chem* **2002**, *21*, 428. https://doi.org/10.1016/S0165-9936(02)00602-7.

Belinato, J. R.; Dias, F. F.; Caliman, J. D.; Augusto, F.; Hantao, L. W.; Opportunities for green microextractions in comprehensive two-dimensional gas chromatography/mass spectrometry-based metabolomics – A review. *Anal. Chim. Acta* **2018**, *1040*, 1. https://doi.org/10.1016/j.aca.2018.08.034.

Boos, K. S.; Grimm, C. H.; High-performance liquid chromatography integrated solid-phase extraction in bioanalysis using restricted access precolumn packings. *TrAC - Trends Anal. Chem.* **1999**, *18*, 175. https://doi.org/10.1016/S0165-9936(98)00102-2.

Borges, K.B.; de Figueiredo, E.D.; Queiroz, M.E.C.; *Preparo de Amostras para Análise de Compostos Orgânicos*, 1st ed., 2015.

Caldas, S.S.; Gonçalves, F.F.; Primel, E.G.; Prestes, O.D.; Martins, M.L.; Zanella, R.; Principais técnicas de preparo de amostra para a determinação de resíduos de agrotóxicos em água por cromatografia líquida com detecção por arranjo de diodos e por espectrometria de massas, *Quim. Nova.* **2011**, *34*, 1604. https://doi.org/10.1590/S0100-40422011000900021.

Campos, C.D.M.; de Campos, R.P.S.; da Silva, J.A.F.; Jesus, D.P.; Orlando, R.M.; Preparo de amostras assistido por campo elétrico: fundamentos, avanços, aplicações e tendências, *Quim. Nova.* **2015**, *38*, 1093. https://doi.org/10.5935/0100-4042.20150130.

Cao, J.; Su, E.; Hydrophobic deep eutectic solvents: The new generation of green solvents for diversified and colorful applications in green chemistry. *J. Clean. Prod.* **2021**, *314*, 127965. https://doi.org/10.1016/j.jclepro.2021.127965.

Cassiano N. M.; Barreiro, J. C.; Moraes, M. C.; Oliveira, R. V.; Cass, Q. B.; Restricted-access media supports for direct high-throughput analysis of biological fluid samples: Review of recent applications. *Bioanalysis* **2009**, *1*, 577. https://doi.org/10.4155/bio.09.39.

Farias, L. A.; Fávaro, D. I.; Vinte anos de química verde: conquistas e desafios. *Quím. Nova* **2011**, *34*, 1089. https://doi.org/10.1590/S0100-40422011000600030.

Fontanals, N.; Marcé, R. M.; Borrull, F.; New materials in sorptive extraction techniques for polar compounds. *J. Chromatogr. A* **2007**, *1152*, 14. https://doi.org/10.1016/j.chroma.2006.11.077.

Fritz, J. S.; Macka, M.; Solid-phase trapping of solutes for further chromatographic or electrophoretic analysis. *J. Chromatogr. A* **2000**, *902*, 137. https://doi.org/10.1016/S0021-9673(00)00792-5.

Harris, D.C.; *Análise Química Quantitativa*, 9th ed., 2017.

Hennion, M. C.; Solid-phase extraction: Method development, sorbents, and coupling with liquid chromatography. *J. Chromatogr. A* **1999**, *856*, 3. https://doi.org/10.1016/S0021-9673(99)00832-8.

Instituto Nacional de Metrologia Normalização, Qualidade e Tecnologia – INMETRO. Vocabulário Internacional de Metrologia: Conceitos fundamentais e gerais de termos associados (VIM 2012), 1a edição Luso-Brasileira, INMETRO: Duque de Caxias, RJ, 2012. http://www.inmetro.gov.br/inovacao/ publicacoes/vim_2012.pdf, acessada em julho de 2022.

Kataoka, H.; New trends in sample preparation for clinical and pharmaceutical analysis. *TrAC - Trends Anal. Chem.* **2004**, *22*, 232. https://doi.org/10.1016/S0165-9936(03)00402-3.

Kaya, S. I.; Cetinkaya, A.; Ozkan, S. A.; Green analytical chemistry approaches on environmental analysis. *Tren. Environ. Anal. Chem.* **2022**, e00157. https://doi.org/10.1016/j.teac.2022.e00157.

Khataei, M. M.; Epi, S. B. H.; Lood, R.; Spégel, P.; Yamini, Y.; Turner, C.; A review of green solvent extraction techniques and their use in antibiotic residue analysis. *J. Pharm. Biomed.* **2022**, *209*, 114487. https://doi.org/10.1016/j.jpba.2021.114487.

Lanças, F. M.; *Extração em fase sólida*, 1st ed., 2004.

Lenardão, E. J.; Freitag, R. A.; Dabdoub, M. J., Batista, A. C. F.; Silveira, C. D. C.; "Green chemistry": Os 12 princípios da química verde e sua inserção nas atividades de ensino e pesquisa. *Quím. Nova* **2003**, *26*, 123. https://doi.org/10.1590/S0100-40422003000100020.

Machado, A. A. S.C.; Da génese ao ensino da química verde. *Quím. Nova* **2011**, *34*, 3, 535. https://doi.org/10.1590/S0100-40422011000300029.

Majors, R. E.; An overview of sample preparation. *LC-GC* **1991**, *9*, 16.

Martin, G.; M.; Bouvier, E.S.P.; Compton, B. J.; Advances in sample preparation in electromigration, chromatographic and mass spectrometric separation methods. *J. Chromatogr. A* **2001**, *909*, 111. https://doi.org/10.1016/s0021-9673(00)01108-0.

Millan, M.; Szopa, C.; Buch, A.; Cabane, M.; Teinturier, S.; Mahaffy, P.; Johnson, S.S.; Performance of the SAM gas chromatographic columns under simulated flight operating conditions for the analysis of chlorohydrocarbons on Mars. *J. Chromatogr. A* **2019**, *1598*, 183. https://doi.org/10.1016/j.chroma.2019.03.064.

Moldoveanu, S. C.; David, V.; *Sample Preparation in Chromatography*, Elsevier Science: Amsterdan, **2002**.

Morales-Cid, G.; Cárdenas, S.; Simonet, B. M.; Valcárcel, M.; Sample treatments improved by electric fields. *TrAC - Trends Anal. Chem.* **2010**, *29*, 158. https://doi.org/10.1016/j.trac.2009.11.006.

Nováková, L.; Vlčková, H.; A review of current trends and advances in modern bio-analytical methods: Chromatography and sample preparation. *Anal. Chim. Acta* **2009**, *656*, 8. https://doi.org/10.1016/j.aca.2009.10.004.

Olcer, Y. A.; Tascon, M.; Eroglu, A. E.; Boyacı, E.; Thin film microextraction: Towards faster and more sensitive microextraction. *TrAC - Trends Anal. Chem.* **2019**, *113*, 93 https://doi.org/10.1016/j.trac.2019.01.022.

Paiva, A. C.; Crucello, J.; de Aguiar Porto, N.; Hantao, L. W.; Fundamentals of and recent advances in sorbent-based headspace extractions. *TrAC - Trends Anal. Chem.* **2021**, *139*, 116252. https://doi.org/10.1016/j.trac.2021.116252.

Pawliszyn, J.; Sample preparation: Quo vadis? *Anal. Chem.* **2003**, *75*, 11, 2543. https://doi.org/10.1021/ac034094h.

do Nascimento, R.F.; de Lima, A.C.A.; Barbosa, P.G.A.; da Silva, P.V.A.; *Cromatografia Gasosa – Aspectos teóricos e práticos*, 2018.

Queiroz, S. C.; Collins, C. H.; Jardim, I. C.; Methods of extraction and/or concentration of compounds found in biological fluids for subsequent chromatographic determination. *Quím. Nova* **2001**, *24*, 68. https://doi.org/10.1590/S0100-40422001000100013.

Prestes, O.D.; Friggi, C.A.; Adaime, M.B.; Zanella, R.; QuEChERS – Um método moderno de preparo de amostra para determinação multirresíduo de pesticidas em alimentos por métodos cromatográficos acoplados à espectrometria de massas, *Quim. Nova.* **2009**, 32, 6, 1620. https://doi.org/10.1590/S0100-40422009000600046.

Rodrigues, G.D.; da Silva, L.H.M.; da Silva, M.C.H.; Alternativas verdes para o preparo de amostra e determinação de poluentes fenólicos em água, *Quim. Nova.* **2010**, 33, 1370. https://doi.org/10.1590/S0100-40422010000600027.

Rossi, D. T.; Zhang, N.; Automating solid-phase extraction: current aspects and future prospects. *J. Chromatogr. A* **2000**, *885*, 97. https://doi.org/10.1016/s0021-9673(99)00984-x.

Sajid, M.; Dispersive liquid-liquid microextraction coupled with derivatization: A review of different modes, applications, and green aspects. *TrAC - Trends Anal. Chem.* **2018**, *106*, 169. https://doi.org/10.1016/j.trac.2018.07.009.

Santana-Mayor, A.; Rodriguez-Ramos, R.; Herrera-Herrera, A. V.; Socas-Rodriguez, B.; Rodríguez-Delgado, M. Á.; Deep eutectic solvents. The new generation of green solvents in analytical chemistry. *TrAC - Trends Anal. Chem.* **2021**, *134*, 116108. https://doi.org/10.1016/j.trac.2020.116108.

da Silva, P. H. R.; Júnior, A. D. S. C.; Pianetti, G. A.; Fernandes, C.; Chromatographic bioanalysis of antiglaucoma drugs in ocular tissues. *J. Chromatogr. B* **2021**, *1166*, 122388. https://doi.org/10.1016/j.jchromb.2020.122388.

Skoog, D. A.; West, D. M.; Holler F. J.; Crouch, S. R.; *Princípios de Química Analítica*, 6th ed., 2009.

Skoog, D. A.; West, D. M.; Holler F. J.; Crouch, S. R.; *Fundamentos de Química Analítica*, 8th ed., 2006.

Smith, G. A.; Lloyd, T. L.; Automated solid-phase extraction and sample preparation – Finding the right solution for your laboratory. *LC-GC* **1998**, S22.

Sousa-Aguiar, E. F.; de Almeida, J. M.; Romano, P. N.; Fernandes, R. P.; Carvalho, Y.; Química verde: A evolução de um conceito. *Quím. Nova* **2014**, *37*, 1257. https://doi.org/10.5935/0100-4042.20140212.

Souverain, S.; Rudaz, S.; Veuthey, J-L.; Restricted access materials and large particle supports for on-line sample preparation: an attractive approach for biological fluids analysis *J. Chromatogr. A* **2004**, *801*, 141. ttps://doi.org/10.1016/j.jchromb.2003.11.043.

Szczepańska, N.; Rutkowska, M.; Owczarek, K.; Płotka-Wasylka, J.; Namieśnik, J.; Main complications connected with detection, identification and determination of trace organic constituents in complex matrix samples. *TrAC - Trends Anal. Chem.* **2018**, *29*, 158. https://doi.org/10.1016/j.trac.2018.05.005.

Tarley, C. R. T.; Sotomayor, M. D. P. T.; Kubota, L. T.; Polímeros biomiméticos em química analítica. Parte 2: Aplicações de MIP ("Molecularly Imprinted Polymers") no desenvolvimento de sensores químicos. *Quím. Nova* **2005**, *28*, 1076. https://doi.org/10.1590/S0100-40422005000600025.

Telepchak, M. J.; August, T. F.; Chaney, G.; *Forensic and clinical applications of solid phase extraction*, Humana Press: Totowa, NJ, **2004**.

Vasconcelos, H.; de Almeida, J. M.; Matias, A.; Saraiva, C.; Jorge, P. A.; Coelho, L. C.; Detection of biogenic amines in several foods with different sample treatments: An overview. *Trends Food Sci. Technol.* **2021**, *113*, 86. ttps://doi.org/10.1016/j.tifs.2021.04.043.

Veraart, J. R.; Lingeman, H.; Brinkman, U. T.; Coupling of biological sample handling and capillary electrophoresis. *J. Chromatogr. A* **1999**, *856*, 483. https://doi.org/10.1016/ s0021-9673(99)00588-9.

2

ELETROEXTRAÇÃO

Ricardo Mathias Orlando, Denise Versiane Monteiro de Sousa, Glaucimar Alex Passos de Resende, Victor Hugo de Miranda Boratto, Jaime dos Santos Viana, Marina Caneschi de Freitas, Millena Christie Ferreira Avelar, Bruno Gonçalves Botelho, Clésia Cristina Nascentes

NESTE CAPÍTULO, SERÃO ABORDADOS:

2.1 Breve Histórico e Evolução
2.2 Fundamentos Teóricos
2.3 Modalidades das Técnicas de Eletroextração
2.4 Aplicações e Otimização
2.5 Eletroextração Hifenada com Outras Técnicas de Preparo de Amostras
2.6 Eletroextração Hifenada com Técnicas Analíticas Instrumentais
2.7 Vantagens, Desvantagens, Limitações e Perspectivas
Glossário
Referências

2.1 Breve Histórico e Evolução

As técnicas de **eletroextração** (*electroextraction,* **EE**) compreendem uma ampla variedade de estratégias de preparo de amostras que utilizam campos elétricos como uma força motriz de espécies iônicas, visando purificar e pré-concentrar analitos presentes em diversos tipos de matrizes. O uso de campos elétricos como método de separação não é um conceito novo, remonta ao ano de 1926, com o desenvolvimento da eletroforese em gel por Arne Tiselius, para separação de proteínas e outras macromoléculas (Svedberg e Tiselius, 1926). Já o emprego dessa força motriz com a finalidade de preparo de amostras se iniciou alguns anos mais tarde.

Uma das primeiras descrições do emprego de campos elétricos para o preparo de amostras ocorreu em 1938 quando Joseph e Stadie apresentaram a **eletrodiálise** (*electrodialysis*, **ED**), que é considerada a técnica vanguardista de eletroextração (Joseph e Stadie, 1938). Por muitos anos a eletrodiálise permaneceu como uma das únicas técnicas de eletroextração com aceitação e aplicação mais amplas.

Outro trabalho pioneiro de eletroextração foi o sistema descrito por Stichlmair *et al*., no ano de 1992, o qual foi desenvolvido como uma modificação da já tradicional extração líquido-líquido (Stichlmair *et al*., 1992). Os autores direcionaram espécies químicas carregadas (fucsina ácida e ácido cítrico) de uma fase aquosa tamponada para uma fase orgânica (n-butanol), com aplicação de campo elétrico entre as duas fases líquidas (*liquid-liquid electroextraction*, **eletroextração líquido-líquido, LLEE**). Posteriormente, sistemas similares foram empregados por van der Vlis *et al*. (1994) para a extração de fármacos e por Lindeburg *et al*. (2010) para a extração de peptídeos (van der Vlis *et al*., 1994; Lindenburg *et al*., 2010).

Somente no ano de 2006, a estratégia de preparo de amostras com campos elétricos entre fases líquidas teve sua relevância notada pela comunidade científica, com o trabalho de Pedersen-Bjergaard e Rasmussen (Pedersen-Bjergaard e Rasmussen, 2006). Esses pesquisadores combinaram a aplicação de campo elétrico com a microextração em fase líquida suportada em fibras ocas (*hollow-fiber liquid-phase microextraction*, **HF-LPME**) para extração de drogas básicas presentes em fluidos biológicos. A nova técnica foi nomeada como eletroextração em membrana (*electromembrane extraction*, **EME**) e, por meio dela, espécies ionizadas foram extraídas de uma amostra aquosa (**fase doadora**) para uma fase aceptora também aquosa. Sob a influência do campo elétrico, os analitos eletricamente carregados foram movimentados através de uma fina camada de líquido orgânico imiscível e impregnado em fibras poliméricas ocas de parede porosa, que recebeu a sigla de SLM (*supported liquid membrane*, **membrana líquida suportada**). Esse tipo de preparo de amostras permitiu a compatibilização direta do extrato final com sistemas analíticos de separação e detecção, sem a necessidade de uma etapa adicional de ressuspensão. A partir do primeiro trabalho de EME, várias modalidades de eletroextração surgiram, assim como novas e diversificadas aplicações. Entre elas, estão procedimentos que envolvem amostras de alimentos, ambientais, toxicológicas, forenses e biológicas para diversas classes de compostos, tais como drogas ilícitas, fármacos, pesticidas, metabólitos, aminoácidos, cátions metálicos entre outros.

Nas últimas duas décadas, a crescente preocupação da comunidade científica com questões ambientais impulsionou a busca por técnicas de preparo de amostras alinhadas com os princípios da química verde. Isso também justificou o interesse em se utilizar campo elétrico no preparo de amostras, uma vez que as técnicas de eletroextração permitem o desenvolvimento de métodos que consomem menores quantidades de energia e de solventes orgânicos. Além disso, o emprego dessas técnicas torna os procedimentos mais rápidos, eficientes e seletivos, quando comparados com técnicas clássicas, o que diminui os prejuízos ambientais associados às análises. Outro elemento interessante no contexto da química verde foi observado a partir do final da década de 90, com a publicação de muitos trabalhos na área de instrumentação analítica, miniaturização e automação dos sistemas de preparo de amostra. Essa tendência foi um facilitador para que a eletroextração se estabelecesse como uma técnica promissora, já que o emprego de campos elétricos é de baixa complexidade instrumental e requer poucos componentes eletroeletrônicos (*e.g.* fonte de potencial elétrico, fios metálicos, etc.). Alguns dos principais avanços no campo da eletroextração ao longo dos anos estão representados na linha do tempo da Figura 2.1.

Outro trabalho pioneiro apresentado na Figura 2.1 foi o publicado por Xu *et al.*, que, em 2008, estenderam o conceito proposto por Pedersen-Bjergaard e Rasmussen (2006) ao realizarem a eletroextração das drogas básicas petidina, nortriptilina, metadona, haloperidol e loperamida. No lugar de uma fibra oca, os altores empregaram um envelope de uma membrana polimérica plana e, assim, ampliaram as possibilidades do suporte para o filtro orgânico, dando início ao conceito das EME baseadas em membranas planas (*flat membrane-based electroextraction,* FM-EME). Dois anos depois, com o objetivo de diminuir etapas manuais no processo de EME, Petersen *et al.* (2010) aplicaram à EME o conceito dos microssistemas de análise química (*lab-on-a-chip*). No sistema proposto a solução doadora fluía nos canais de um *microchip* (*On-chip* EME), enquanto a fase aceptora permanecia estagnada e uma membrana plana separava as suas fases. Também no ano de 2010, Basheer *et al.* apresentaram uma abordagem inovadora, com um sistema capaz de analisar drogas ácidas (aniônicas) e básicas (catiônicas) simultaneamente (*simultaneous* EME).

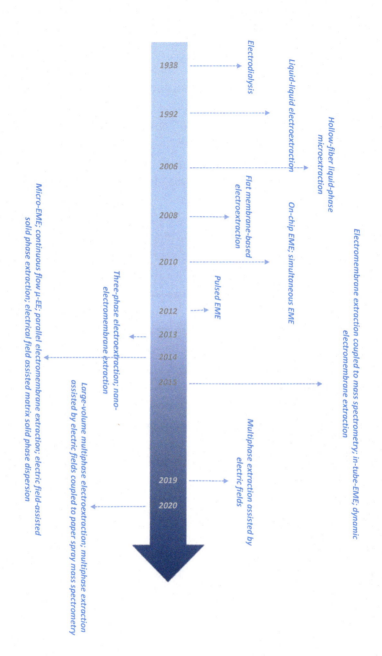

Figura 2.1. Linha do tempo do surgimento das principais modalidades de eletroextração.

Em 2012, Rezazadeh *et al.*, apresentaram a aplicação de campo elétrico pulsado (*pulsed* EME, PEME). Ao substituírem o tradicional campo elétrico constante, os autores relataram o aumento da estabilidade do sistema e do rendimento de extração. Uma interessante simplificação da EME apareceu em 2013, apresentada por Raterink *et al.* e caracterizada pela ausência do suporte poroso para a formação da membrana de solvente orgânico. Nessa modalidade, as três fases do sistema são compostas pela fase doadora aquosa (amostra), pelo filtro orgânico e pela fase aceptora aquosa, que ficam livres na chamada membrana líquida livre (*free liquid membrane*, FLM) e, em uma configuração trifásica (*three-phase electroextraction*, 3-phase EE). A fase aceptora foi empregada na forma de uma gota pendente localizada na ponteira condutora de uma micropipeta que foi inserida dentro da fase orgânica imiscível (filtro físico-químico) e que mantinha contato simultâneo com a amostra (fase doadora). Ainda em 2013, Payán[a] *et al.*, desenvolveram um sistema de eletroextração em uma escala de nanolitros (*nano-electromembrane extraction*, Nano-EME) que foi acoplado diretamente a um equipamento de eletroforese capilar. No ano seguinte, Kubáň e Boček (2014) realizaram a miniaturização do conceito original da EME, criando a µ-EME, a qual permitiu diminuir consideravelmente a quantidade de solvente orgânico para a formação do filtro e a análise de volumes muito pequenos de amostra (menores que 1 µL). Ainda no ano de 2014, Schoonen *et al.*, desenvolveram uma microextração em um sistema no qual a fase doadora foi mantida sob fluxo contínuo (*continuous flow* µ-EE), enquanto a fase aceptora permaneceu estagnada. Nesse trabalho, os autores obtiveram fatores de pré-concentração de até 80 vezes para acilcarnitinas em amostras de urina. Já Eibak *et al.* (2014), com o objetivo de aumentar a frequência analítica, construíram um dispositivo de 96 poços para processar múltiplas amostras simultaneamente, em uma configuração de extração paralela (*parallel electromembrane extraction*, Pa-EME).

Durante o desenvolvimento das técnicas de eletroextração, alguns trabalhos buscaram acoplar a técnica de preparo de amostra diretamente ao sistema analítico. No ano de 2015, Fuchs *et al.* promoveram importantes avanços para a automação da técnica de EME, desenvolvendo uma sonda para acoplamento ao espectrômetro de massas (*electromembrane extraction coupled to mass spectrometry*, EME-MS). Esse dipositivo permitiu a análise em tempo real e o estudo da cinética metabólica da amitriptilina e da nortriptilina em microssomos hepáticos. Nesse mesmo ano, Bazregar *et al.* (2015) exibiram um conceito horizontal para realização da eletroextração (*In-tube-EME ou IEME*) com baixo consumo de solvente orgânico (0,5 mL). A ideia dos autores foi inserir, em um tubo cilíndrico, uma folha fina de polipropileno que atuou como suporte para o solvente orgânico, com o objetivo de extrair quatro corantes alimentícios em diferentes tipos de bebidas industrializadas. Também nesse ano, Asl *et al.* (2015) desenvolveram um sistema dinâmico, no qual as soluções aceptora e doadora eram continuamente bombeadas e renovadas (*dynamic electromembrane extraction,* **DEME**) durante a extração de amitriptilina e nortriptilina em urina.

Com o objetivo de atender os princípios da química verde, Tabani *et al.* (2017) trouxeram, de forma inovadora, a eletroextração em membrana sem a utilização de solvente orgânico. Os altores empregaram uma membrana de 5 mm de espessura, composta por gel de agarose que separava as fases doadora e aceptora, e este sistema foi utilizado para extrair quatro drogas básicas em águas residuais. Dentre os avanços no campo da automação, destaca-se o trabalho realizado por Hansen *et al.* (2018), em que um *microchip* foi utilizado para possibilitar uma EME em escala nanométrica. Esse *microchip* foi acoplado diretamente à válvula de injeção de um cromatógrafo líquido, para permitir um processo hifenado e semi-automatizado de extração-injeção-análise da amostra.

No Brasil, as técnicas de preparo de amostras assistidas por campos elétricos possuem uma trajetória de aplicações e desenvolvimento um pouco mais recente, porém, em franco crescimento, com diferentes modalidades propostas por pesquisadores brasileiros. Em 2014, Orlando *et al.*, acoplaram o uso de campo elétrico à extração em fase sólida (SPE), em um processo batizado de **E-SPE** (*electric field-assisted solid phase extraction*) que permitiu expandir as possibilidades da técnica original, que emprega cartuchos tipo seringa recheados com sorventes. A estratégia foi empregada para extração de resíduo de antimicrobianos em leite e posterior determinação por cromatografia líquida acoplada a detector de fluorescência. Nesse novo sistema, dois eletrodos foram posicionados entre os filtros que suportam o sorvente sólido do cartucho de SPE, de modo a tornar o processo de extração mais eficiente. Posteriormente, um sistema semi-automatizado de E-SPE, desenvolvido pelo mesmo autor, foi utilizado para extração de quinolonas em ovos (Ribeiro *et* *al.*, 2016). Com esse dispositivo, até três extrações sequenciais poderiam ser realizadas com as etapas de condicionamento do cartucho, lavagem e eluição assistidas ou não por campos elétricos, todas programadas e executadas de forma automatizada. Uma modalidade derivada da E-SPE, chamada de eletrodispersão da matriz em fase sólida (*electrical field assisted matrix solid phase dispersion*, E-MSPD), também foi desenvolvida por Orlando, em 2014, e apresentada em colaboração com da Silva e Faria, em 2016, para extração de antimicrobianos em leite (da Silva *et al.*, 2016). Na E-MSPD o campo elétrico foi empregado na etapa final de eluição para produzir extratos mais limpos e com menor consumo de solventes.

O uso de campos elétricos associado à extração líquido-líquido também tem sido reportado no Brasil. Campos *et al.* (2014), por exemplo, propôs o uso de sistemas aquosos bifásicos assistidos por campo elétrico (*aqueous biphasic systems electroextraction*, ABS-EE) para extração de aminoácidos. As vantagens dessa estratégia também foram demonstradas na análise de ácido glutâmico em molho de soja (Campos *et al.*, 2019). A eletroextração em membrana é outra técnica já reportada por pesquisadores brasileiros no trabalho de Oliveira *et al.* (2017) que realizaram extrações de pesticidas em amostras de água.

Mais recentemente, em 2019, Orlando *et al.* desenvolveram um novo conceito baseado em uma eletroextração de quatro fases, na qual a fase aceptora aquosa foi imobilizada em um suporte sólido poroso, além das outras duas fases compostas pelo filtro orgânico e a fase aquosa doadora. Esse novo conceito de eletroextração multifásica (*multiphase extraction assisted by electric fields*, MPEE) foi desenvolvido com o auxílio de um dispositivo multipoços, capaz de realizar 66 extrações simultâneas. Empregando-se cones de celulose como suporte sólido, o corante catiônico violeta genciana (cristal violeta) foi eficientemente extraído em amostras de filé de tilápia, com elevada seletividade e altos níveis de pré-concentração. Isso tornou possível a quantificação pela absorbância resultante do corante sobre o cone de papel, que foi obtida com um simples e barato escâner de mesa.

Em 2021, Orlando, juntamente com Viana e Botelho, desenvolveu um sistema de eletroextração multifásico para grandes volumes (*large-volume multiphase electroextraction*, LV-MPEE) capaz de empregar maiores quantidades de amostra (até 35 mL), ideal para aplicações em que há muita disponibilidade de matriz, como em análises de alimentos e ambientais (Viana *et al.*, 2021). Esse sistema de grandes volumes foi desenvolvido na forma de um dispositivo multipoços (até 10 amostras simultaneamente), e foi empregado para análise de verde malaquita em águas de piscicultura.

O mais recente desenvolvimento de Orlando e seu grupo LAMS (Laboratório de Microfluídica e Separações), do Departamento de Química da UFMG, foi o sistema de eletroextração multifásico em associação com a técnica de *paper spray mass spectrometry* (PS-MS). A partir dessa abordagem, Orlando, Avelar e Nascentes, em 2021, determinaram cinco antidepressivos tricíclicos em amostra de saliva (Avelar *et al.*, 2021). A técnica de PS-MS, além de ser bastante rápida, tornou o método de extração e análise muito mais simples e fácil de ser executado. No mesmo ano, Amador *et al.* (2021), em colaboração com Orlando, publicaram um método de extração e determinação de cocaína e lidocaína em saliva, verde malaquita em água de torneira e bisfenol A em vinho tinto, também empregando a estratégia rápida e simples da PS-MS.

O grande número de artigos, variedades de técnicas e diferentes aplicações demostra o crescente interesse em métodos que empregam preparo de amostras baseados em campos elétricos, como pode ser observado no gráfico da Figura 2.2. É evidente o aumento no número de publicações que envolvem os termos "*electroextraction*", "*electro extraction*", "*electromembrane extraction*", "*electro-membrane* extraction" e "*electric field-assisted solid-phase extraction*" por triênio, desde 2000. Como há uma grande variedade de termos específicos para cada modalidade de eletroextração, a busca que realizamos na base de dados da *Web of Science* foi limitada aos termos mais gerais e habitualmente empregados. Embora o gráfico não traga informações sobre todas as técnicas de extração assistidas por campos elétricos, ele evidencia claramente o expressivo desenvolvimento a partir de 2006, quando surgiu o primeiro trabalho sobre eletroextração em membrana.

TÉCNICAS DE PREPARO DE AMOSTRAS E A QUÍMICA VERDE   61

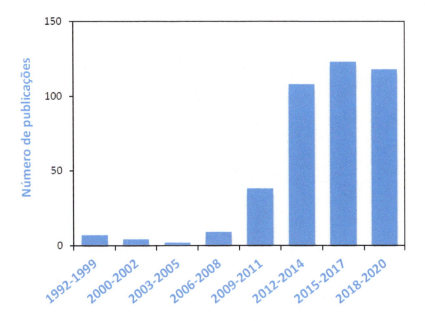

Figura 2.2. Publicações entre os anos de 1992 e 2020 que contêm pelo menos uma das palavras: "*electroextraction*", "*electro extraction*", "*electromembrane extraction*", "*electromembrane extraction*" ou "*electric field-assisted solid-phase extraction*" no título, resumo ou palavras-chave. Levantamento realizado no site da *Web of Science* (acessado em 07/2020).

Os trabalhos de revisão também acompanharam esse crescimento com novos artigos publicados a cada ano (Morales-Cid *et al.*, 2010; Gjelstad e Pedersen-Bjergaard, 2011; Majors, 2014; Yamini[a], Seidi e Rezazadeh, 2014; Campos *et al.*, 2015; Seip, Gjelstad e Pedersen-Bjergaard, 2015; Seidi, *et al.*, 2015; Oedit, *et al.*, 2016; Pedersen-Bjergaard, *et al.*, 2017; Huang *et al.*, 2017; Drouin *et al.*, 2019; Hansen e Pedersen-Bjergaard, 2020;).

Como já foi mencionado, os estudos sobre eletroextração são recentes e, talvez por esse motivo, ainda se concentram em grupos de pesquisa de regiões específicas do mundo, como pode ser observado na **Figura 2.3**. Alguns grupos de pesquisa da Europa e da Ásia são os principais contribuidores para as publicações mundiais. Em terceiro lugar, aparece a América, com 4%, sendo o Brasil, os EUA e o México os pioneiros do continente neste tipo de trabalho.

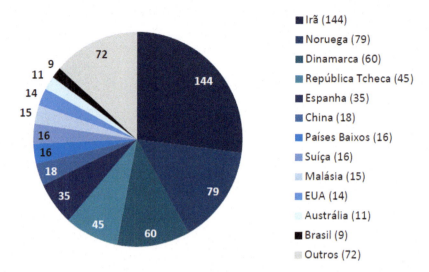

Figura 2.3. Publicações por país relacionadas com pelo menos uma das palavras: "*electroextraction*", "*electro extraction*", "*electromembrane extraction*", "*electro-membrane extraction*" ou "*electric field-assisted solid-phase extraction*" no título, resumo ou palavras-chave. Levantamento realizado no site da *Web of Science* (acessado em 07/2020).

Ainda que não tenham sido encontrados registros de sistemas comerciais de eletroextração, várias patentes foram depositadas nos últimos 20 anos. No gráfico da **Figura 2.4**, aparecem algumas patentes encontradas na base de dados *Espacenet*, que empregam os mesmos termos descritos para as publicações apresentadas na **Figura 2.3**. A pesquisa foi realizada na área referente a métodos de separação, excluindo-se as áreas que não têm relação direta com o assunto. O número de patentes encontrado não é tão elevado, mas é preciso levar em consideração que os estudos envolvendo eletroextração são recentes. Além disso, há uma enorme potencial para a criação de novas modalidade de extração e para o aperfeiçoamento daquelas já existentes. Com isso, fica claro que o futuro do uso de campo elétrico em sistemas de extração será atrativo, apesar de desafiador.

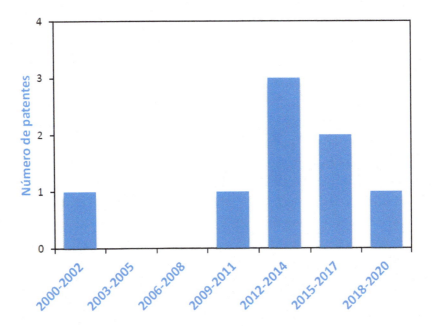

Figura 2.4. Número de depósitos de patentes nos últimos 20 anos relacionadas com as palavras: "*electroextraction*", "*electro extraction*", "*electromembrane extraction*", "*electromembrane extraction*" ou "*electric field-assisted solid-phase extraction*". Levantamento realizado no site da *Espacenet* (acessado em 07/2020).

2.2 Fundamentos Teóricos

Os conceitos teóricos sobre eletroextração foram inicialmente discutidos por Stichlmair *et al.*, em 1992, e posteriormente, de forma mais detalhada e completa, por Gjelstad *et al.* (2007). Mais recentemente, Huang *et al.* (2016) também fizeram uma correlação interessante entre os conceitos teóricos e os resultados experimentais do processo de transferência de massa em EME. De forma geral, esses conceitos partem do princípio do movimento de cargas elétricas em solução que são impulsionadas pela força do campo elétrico aplicado.

Forças ou energias auxiliares, como pressão, aquecimento, campo elétrico e agitação são amplamente empregadas em técnicas de preparo de amostras, com o objetivo de aumentar o rendimento e/ou a velocidade dos processos de extração (Wuethrich *et al.*, 2016). O exemplo clássico é a própria eletroextração, modalidade representada por um conjunto diversificado de técnicas que têm por princípio básico o emprego de campos elétricos como fonte de energia auxiliar no processo de extração de analitos iônicos ou ionizáveis. A principal função do campo elétrico é promover a migração direcionada e seletiva dos compostos carregados eletricamente, porém ele não apresenta influência direta significativa sobre os compostos neutros presentes no meio.

Nas abordagens que aplicam campo elétrico no preparo de amostras, os analitos devem estar ou serem transferidos para uma matriz líquida aquosa, como algumas amostras ambientais, biológicas e de alimentos. Esta matriz é denominada **fase doadora** (*donor phase*, **DP**) e pode estar acrescida de solventes e/ou soluções tamponantes. Os analitos carregados migram da fase doadora para uma fase de interesse impulsionados pela força do campo elétrico aplicado, além dos processos difusivos e de transferência de massa por agitação. A fase de interesse que contém o analito extraído, ou **fase aceptora** (*acceptor phase*, **AP**), é aquela que será posteriormente analisada e pode ser líquida ou sólida. Para que ocorra a migração direcionada dos analitos entre as fases doadora e aceptora, os eletrodos inseridos dentro dessas duas fases irão promover a passagem de corrente elétrica no meio. Em algumas modalidades, como nos exemplos da EME e da eletroextração multifásica, a migração do analito pode não ocorrer de forma direta, quando são empregadas uma ou mais fases intermediárias, além das duas fases supracitadas.

A extração com campo elétrico é um fenômeno de transferência de massa, dependente da distribuição do composto estudado entre as diversas fases imiscíveis do sistema e que pode ser manipulada pela diferença de potencial elétrico aplicado nas interfaces líquido-líquido ou sólido-líquido. Essa distribuição é matematicamente apresentada pela **equação 2.1** e foi baseada na equação de Nernst-Planck (Collins e Arrigan, 2009; Yamini *et al.*, 2014; Huang *et al.*, 2016). Essa equação descreve a relação de dependência entre o coeficiente de distribuição da espécie iônica ou ionizável e a diferença de potencial elétrico entre as fases em contato.

$$k_D^* = exp\left(\frac{zF}{RT}(E - E°)\right) \qquad (2.1)$$

Na **equação 2.1**, k_D^* é o coeficiente de distribuição dependente do campo elétrico, z é a carga do íon distribuído na interface, F é a constante de Faraday, R é a constante universal dos gases ideais, T é a temperatura absoluta, E representa o potencial de transferência do íon no equilíbrio ou a diferença de potencial galvânico entre as fases, e $E°$ representa a diferença de potencial padrão de transferência (relativa à energia de Gibbs padrão de transferência).

O campo elétrico, ou força motriz do processo de eletroextração, é definido como a força que atua sobre uma partícula carregada dividida pela sua carga elétrica (Silva *et al.*, 2007; IUPAC, 1997). Ademais, a força do campo elétrico pode ser calculada pela relação entre o potencial elétrico aplicado (V) e a distância entre os eletrodos (d), conforme mostra a **equação 2.2**:

$$E = \frac{V}{d} \qquad (2.2)$$

Nessa equação, E é a força do campo elétrico, V é o potencial elétrico aplicado, e d é a distância entre eletrodos.

A distância entre eletrodos é crucial para controlar a força do campo elétrico e, consequentemente, o nível de corrente elétrica no sistema. Eletrodos muito próximos podem gerar uma corrente elétrica demasiadamente intensa e fenômenos indesejados, como o surgimento de descargas elétricas (centelhas ou faíscas) e o sobreaquecimento do sistema (**efeito Joule**). Vale ressaltar também que os eletrodos devem ser constituídos de material inerte, como platina ou aço inoxidável. Isso evita as reações de passivação da superfície do material condutor ou a liberação de cátions em solução pela oxidação e solubilização do metal do eletrodo.

A corrente elétrica está relacionada ao fluxo de carga elétrica ou de íons em um sistema elétrico. Ela é diretamente proporcional ao potencial elétrico aplicado (V) e inversamente proporcional à resistência elétrica do sistema (R) (Skoog *et al.*, 2018; Harris, 2017), conforme descrita pela primeira lei de Ohm (**equação 2.3**):

$$I = \frac{V}{R} \qquad (2.3)$$

Para essa equação I é a corrente elétrica (ampères, A), V é o potencial elétrico aplicado (volts, V) e R é a resistência elétrica do sistema (ohms, Ω).

A força que se opõe ao fluxo da corrente no sistema é denominada de resistência elétrica, a qual é diretamente proporcional ao comprimento (l) e a resistividade (ρ) do material condutor, e inversamente proporcional à secção transversal (a) do material condutor (Harris, 2017). A **equação 2.4** evidencia tal relação, conhecida como a segunda lei de Ohm. Quando em solução, a resistividade pode ser substituída pelo seu recíproco condutividade elétrica (κ), que é a medida da capacidade de transportar corrente elétrica por um material ou uma solução (Atkins, 2012). Essa medida pode trazer informações importantes sobre as interações íon-íon e íon-solvente (Shekaari *et al.*, 2017), e sua relação com a resistência é apresentada na **equação 2.5**:

$$R = \rho \frac{l}{a} \quad (2.4)$$

$$R = \frac{l}{a\,\kappa} \quad (2.5)$$

Aqui R é a resistência elétrica (ohms, Ω), ρ é a resistividade do meio (ohms por metros, Ω m^{-1}), l é o comprimento (metros, m), a é a secção transversal do condutor (metros quadrados, m^2) e κ é a condutividade elétrica (Siemens por metros, S m^{-1}).

Em eletroextração com duas ou mais fases, a resistência elétrica total do sistema (R_{total}) é constituída pela somatória das resistências individuais das R_n fases em contato ($R_{total} = R_1 + R_2 + R_3...R_n$). As fases constituídas por solventes orgânicos ou materiais sólidos, em geral, apresentam as maiores contribuições para a resistência total do sistema e, portanto, seu uso deve ser criteriosamente avaliado (Raterink, 2013; Orlando, 2019).

O fluxo demasiado de corrente elétrica nos sistemas de eletroextração, pela aplicação de uma diferença de potencial elétrico elevada, excesso de eletrólitos no meio ou proximidade demasiada dos eletrodos, pode gerar mudança de pH ou aquecimento excessivos da solução e, consequentemente, perda de eficiência do processo de extração.

A eletrólise é um processo no qual ocorre uma reação química devido à passagem de corrente elétrica em um sistema líquido (Atkins, 2012; Harris, 2017). Quando os eletrodos são colocados diretamente nas fases aquosas doadora e aceptora, as reações químicas de eletrólise que podem ocorrer no anodo e no catodo são representadas pelas **equações 2.6** e **2.7**, respectivamente. Essas reações podem provocar mudanças significativas no pH das soluções aquosas durante o processo de extração, alterar, assim, a constante de distribuição entre as fases ou mesmo degradar os analitos. Além disso, a eletrólise também é responsável pela geração dos gases oxigênio (anodo) e hidrogênio (catodo) que, a depender da quantidade formada e do arranjo apresentado no dispositivo (aberto, fechado, em linha, paralelo, etc.), pode levar ao acúmulo de bolhas na superfície do sistema e causar uma quebra de continuidade fluídica e da passagem de corrente (Drouin *et al.*, 2019; Huang *et al.*, 2016; Pedersen-Bjergaard e Rasmussen, 2006).

$$2H_2O\ (l) \rightarrow O_2\ (g) + 4H^+\ (aq) + 4e^-\ (anodo)\quad E° = -1,23\ V \quad (2.6)$$

$$2H_2O\ (l) + 2e^- \rightarrow 2OH^-(aq) + H_2\ (g)(catodo)\ E° = -0,83\ V \quad (2.7)$$

O efeito Joule se caracteriza pela formação de gradiente de temperatura quando há passagem excessiva e forçada de corrente elétrica no sistema (Rathore, 2004). Caso o calor gerado pelo efeito Joule não seja devidamente dissipado, ele pode resultar na instabilidade fluídica do sistema, perdas do solvente por dissolução e evaporação, quebra da continuidade eletroforética e degradação dos analitos (Yamini *et al.*, 2014; Seip *et al.*, 2015; Campos *et al.*, 2015). A quantidade de energia produzida pelo efeito Joule é definida pelo produto da corrente elétrica (I) e do potencial elétrico aplicado (V) em um determinado intervalo de tempo (t), conforme mostra a **equação 2.8** (Rathore, 2004):

$$J = I\ V\ t \quad (2.8)$$

Na **equação 2.8**, J representa quantidade de energia gerada em joule, I é a corrente elétrica (ampères, A), V é o potencial elétrico aplicado (volts, V), e t é o tempo (segundos, s). A unidade de joule é $kg\ m^2 s^{-2}$, mas também pode ser expressa em termos de calorias geradas (cal) **equação 2.9**:

$$J = 0{,}2390\ cal \qquad (2.9)$$

A velocidade de migração de uma espécie carregada depende não somente da força imposta pelo campo elétrico, mas também da mobilidade eletroforética dessa espécie. A mobilidade eletroforética (μ_e) é um parâmetro que relaciona as propriedades físico-químicas do íon (carga efetiva e raio iônico) e a viscosidade do meio, conforme mostra a **equação 2.10** (Tavares, 1996). Portanto, quanto maior a mobilidade eletroforética de uma determina espécie química carregada, maior será sua velocidade de migração no meio quando o campo elétrico for aplicado.

$$v = \mu_e E = \frac{ze}{6\pi\eta r} E \qquad (2.10)$$

A velocidade de migração do íon é representada por v, μ_e representa a mobilidade eletroforética, E é o campo elétrico aplicado, z define a carga efetiva do íon, e é a carga elementar do íon solvatado, r é o raio efetivo do íon solvatado, e η é a viscosidade do meio.

Em um sistema de eletroextração que contém uma membrana orgânica suportada (SLM), a velocidade também depende da facilidade do transporte das espécies carregadas através do solvente orgânico da membrana. Dentro do solvente da SLM, para a maioria das modalidades de eletroextração podemos considerar uma região livre de agitação e, portanto, a eletromigração somada aos processos difusivos são os únicos processos responsáveis pelo transporte de espécies químicas. O fluxo de íons direcionados pelo potencial elétrico através da SLM foi descrito por Gjelstad et al. (2007), os quais utilizaram estratégias de modelagem matemática baseada na equação de Nernst-Planck. Assumindo-se que todas as espécies iônicas tenham carga única e que a membrana não apresente carga, o fluxo de estado estacionário do íon através da fase intermediária pode ser descrito pela **equação 2.11** (Gjelstad et al., 2007):

$$J_i = -\frac{D_i}{h}\left(1 + \frac{v}{\ln \chi}\right)\left(\frac{\chi - 1}{\chi - \exp^{-v}}\right)(C_i - C_{io}\exp^{-v}) \qquad (2.11)$$

Nesta equação, J_i é o fluxo de estado estacionário do cátion i através da membrana, D_i é o coeficiente de difusão do cátion i, h é a espessura da membrana líquida, v representa a força motriz adimensional (definida pela equação 2.12), χ é a razão da concentração iônica total da amostra pela fase aceptora (balanço iônico, definido pela equação 2.13), C_i é a concentração do cátion i na interface amostra/membrana líquida e C_{io} é a concentração do cátion i na interface membrana líquida/fase aceptora.

$$v = \frac{zF\Delta\phi}{kT} \quad (2.12)$$

Na equação 2.12, v é a força motriz, z é a carga efetiva do íon, F é a constante de Faraday, $\Delta\phi$ representa a diferença de potencial elétrico sobre a membrana, k é a constante de Boltzmann, e T é a temperatura absoluta.

$$\chi = \frac{\sum_i C_{ih} + \sum_i C^*_{kh}}{\sum_i C_{i0} + \sum_i C^*_{k0}} \quad (2.13)$$

A equação 2.13 descreve a razão da concentração iônica total da amostra χ em função da concentração da i-ésima substância catiônica na amostra e na fase aceptora, C_{ih} e C_{io}, respectivamente; além da concentração da k-ésima substância aniônica na amostra e na fase aceptora, C^*_{kh} e C^*_{ko}, respectivamente.

2.3 Modalidades das Técnicas de Eletroextração

Após a apresentação da EME, poucos anos se passaram até que diferentes configurações e novas modalidades de técnicas de eletroextração fossem desenvolvidas. Cada uma dessas novas modalidades buscava incorporar praticidade, eficiência de extração, velocidade, frequência analítica, seletividade ou poder de pré-concentração. As principais modalidades de eletroextração desenvolvidas ao longo dos anos estão apresentadas na Figura 2.5. Essas modalidades serão discutidas nos tópicos descritos a seguir, com alguns exemplos, vantagens e algumas de suas limitações.

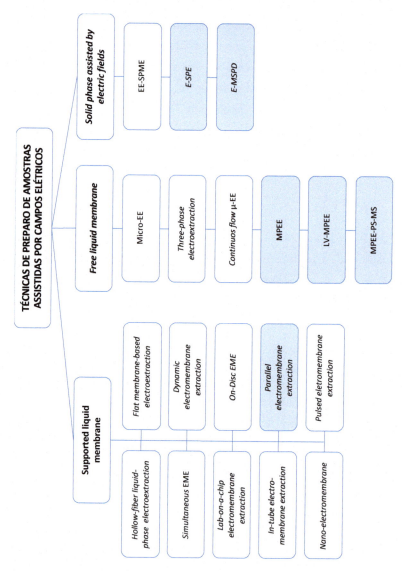

Figura 2.5. Algumas das principais modalidades de eletroextração. MPEE: *multiphase extraction assisted by electric fields*; LV-MPEE: *large-volume multiphase electroextraction*; PS-MS: *paper spray mass spectrometry*; EE-SPME: *electroenhanced solid-phase microextraction*; E-SPE: *electric field-assisted solid phase extraction*; E-MSPE: *electrical field assisted matrix solid phase dispersion*; μ-EME: *micro-electromembrane extraction*. Blocos em azul são as modalidades apresentadas pelo laboratório LAMS do Departamento de Química da UFMG.

Eletroextração em membrana convencional

A modalidade classificada como eletroextração em membrana convencional (EME) emprega o fundamento da extração líquido-líquido-líquido trifásica (aquoso-orgânico-aquoso) da chamada microextração em fase líquida **HF-LPME** (*hollow fiber-liquid phase microextraction*). Na HF-LPME, uma fibra oca cilíndrica com parede de polipropileno porosa é embebida com um solvente orgânico (**membrana líquida suportada,** *supported liquid membrane,* **SLM**), para formar um filtro orgânico. No interior oco da fibra (lúmen), é introduzido um pequeno volume de fase aquosa (*acceptor phase,* **AP**), e o conjunto SLM-AP é, então, inserido dentro da amostra aquosa (*donor phase,* **DP**) (Figura 2.6). Nesse arranjo trifásico da HF-LPME, a velocidade de transferência dos analitos presentes na fase doadora para a fase aceptora depende da taxa de difusão (promovida pelo gradiente de concentração entre as fases) e da transferência de massa (promovida por uma possível agitação mecânica).

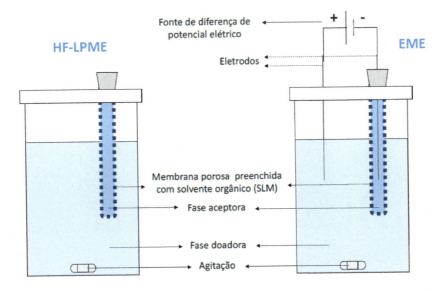

Figura 2.6. Esquemas da extração em membrana trifásica (HF-LPME) e da eletroextração em membrana convencional (EME) baseada no sistema trifásico da HF-LPME.

A transferência do analito da fase doadora para a fase aceptora será determinada pelas duas constantes de distribuição - partição, no caso - do analito entre as três diferentes fases (K_{D1}, K_{D2}), além do produto entre elas (K_{D3}) (**Figura 2.7**). É importante lembrar que é possível que os analitos se apresentem em diferentes formas químicas (protonada, desprotonada, complexada, etc.). No exemplo das **Figuras 2.6** e **2.7**, consideramos a hipótese de um analito com característica de base fraca e, assim, ionizável, em sua forma de ácido conjugado (constante de acidez, K_a). A seletividade da extração, por sua vez, irá depender da capacidade do filtro orgânico atuar como uma barreira química para os interferentes da matriz.

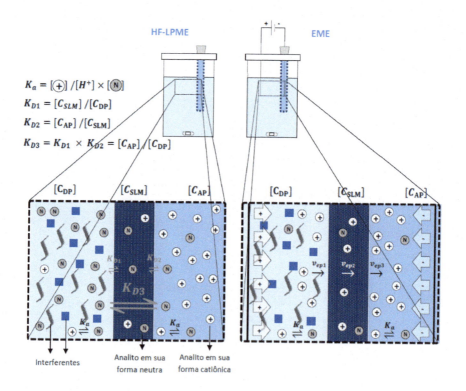

Figura 7. Destaque para os equilíbrios envolvidos nos esquemas de HF-LPME e EME da Figura 6. Polos elétricos representados para a extração de analitos catiônicos. Abreviaturas descritas no texto. C_{DP}, C_{SLM}, C_{AP} : concentração do analito nas fases doadora, membrana e aceptora, respectivamente.

A EME foi desenvolvida em 2006 por Pedersen-Bjergaard e Rasmussen, que associaram a aplicação de campos elétricos ao conceito da já consolidada HF-LPME. Esta inovadora técnica de preparo de amostras foi desenvolvida adicionando-se ao sistema trifásico da HF-LPME dois eletrodos, um dentro da fase doadora e outro dentro da fase aceptora (**Figura 2.7**). Quando aplicado uma diferença de potencial nesses eletrodos, um campo elétrico entre as fases era estabelecido e, assim, dois grandes benefícios derivados do fenômeno da migração eletroforética foram obtidos: (1) a seletividade de migração para a fase aceptora dos analitos com carga contrária à polaridade do eletrodo inserido na fase doadora; e (2) a efetiva transferência de massa promovida pela velocidade eletroforética dos analitos carregados em cada uma das fases (v_{ep1}, v_{ep2}, v_{ep3}). Vale destacar que, apesar dos fenômenos eletroforéticos atuarem na EME, todos os equilíbrios mencionados na HF-LPME da **Figura 2.7** permanecem e agem no sistema. Após o surgimento da EME diversas outras modalidades de eletroextração surgiram nos últimos anos, porém a EME continua sendo a mais difundida e estudada.

Eletroextração em membrana plana

As membranas ocas ou *hollow fibers*, apesar de serem interessantes, não possuem tanta variedade de materiais, porosidade, espessura e diâmetro. Então, não demorou muito para que pesquisadores avaliassem o emprego de membranas em outros formatos, especialmente as planas. Nesta versão de eletroextração em membrana plana a fibra oca cilíndrica é substituída por uma membrana plana, costumeiramente de polipropileno, como suporte para o solvente orgânico. Um ótimo exemplo dessa modalidade é o trabalho de Huang *et al.* (2014), representado na **Figura 2.8**, onde os fármacos quetiapina, citolapram, amitriptilina, metadona e sertralina foram extraídos, de forma exaustiva, tanto de amostras de água quanto de plasma humano. Outros destaques do trabalho foram as elevadas eficiências de extração (89 e 112%), o tempo (30 min) e os potenciais elétricos aplicados (250 V para água e 300 V para plasma).

Outro trabalho interessante com membranas planas foi o desenvolvido por Davarani *et al.* (2015). Nele, um sistema composto de dois compartimentos de 8 mL cada, um da fase doadora e outro da fase aceptora, foi utilizado para a eletroextração de metais (Cd^{2+}, Cu^{2+}, Zn^{2+}, Co^{2+} e Ag^+). Os compartimentos das fases doadoras e aceptoras permaneciam separados por uma parede com uma fenda sobre a qual foi presa uma membrana plana impregnada com 1-octanol e di-(2-etil-hexil) fosfato e uma diferença de potencial elétrico de 60 V foi aplicado sobre os dois eletrodos para extração dos metais. Os autores compararam a modalidade proposta com a técnica de EME convencional e chegaram à conclusão de que ambas atendiam às finalidades propostas e havia grande potencial para que elas fossem aplicadas em grande escala.

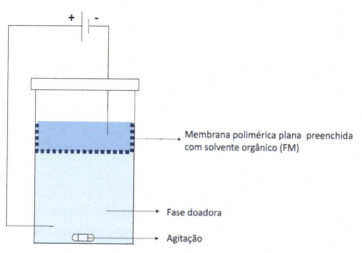

Figura 2.8. Configuração de um sistema de eletroextração com membrana plana.

Eletroextração em paralelo

A possibilidade de realizar várias extrações simultâneas é valiosa quando a frequência analítica requerida é alta. Em laboratórios prestadores de serviço, sobretudo em análises clínicas, os dispositivos de múltiplas extrações simultâneas são especialmente importantes para obter uma frequência analítica elevada e, por isso, várias são as técnicas de preparo de amostras que tiveram dispositivos de múltiplas extrações paralelas desenvolvidos (Bagheri *et al.*, 2013; Boyaci *et al.*, 2014; Eichler *et al.*, 2015; do Carmo *et al.*, 2019). Com relação à EME diversos autores propuseram dispositivos para extrações paralelas, incluindo plataformas de múltiplas extrações (*plate*) de 96 poços (Eibak *et al.*,

2014). Um desses dispositivos, apresentado por Drouin *et al.*, 2017, foi empregado para realizar 96 extrações simultâneas de diversos fármacos em amostras de plasma sanguíneo. Em sua construção, foi empregado um material condutor e reutilizável composto por duas placas condutoras no formato sanduíche. Uma delas continha a fase aceptora e a outra a fase doadora que foram conectadas após a imersão de uma membrana polimérica embebida por solvente orgânico. O dispositivo apresentado foi bastante promissor, devido ao baixo custo de produção, ao fato de ser reutilizável e de ter boa estabilidade. Isso permitia agitações mais intensas e gerava resultados mais satisfatórios.

Outras versões, formatos e avanços nas eletroextrações paralelas foram apresentados por grupos brasileiros **Figura 2.9** (Orlando, 2011; Orlando *et al.*, 2019; Viana *et al.*, 2021).

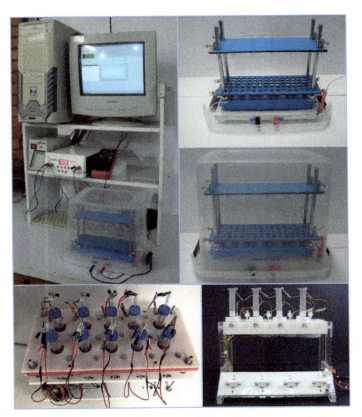

Figura 2.9. Dispositivos para eletroextração paralela apresentados por grupos brasileiros. (A) Eletroextração multifásica; (B) Para grandes volumes e (C) Em fase sólida (E-SPE).

Eletroextração dinâmica e contínua em membrana

A chamada eletroextração dinâmica em membrana (**DEME**) é caracterizada por ser uma modalidade de EME exaustiva, na qual as fases doadora e aceptora são renovadas constantemente durante a extração. No trabalho de Asl *et al.* (2015), foi proposta essa abordagem e a configuração apresentada era semelhante à proposta de Pedersen-Bjergaard e Rasmussen (2006). Havia duas diferenças fundamentais em relação à técnica precursora: (1) a utilização de um tubo com duas conexões para entrada e saída de amostras no frasco da fase aceptora; e (2) a presença de conexão no topo da membrana polimérica porosa para uma seringa coletar e adicionar a fase aceptora constantemente **Figura 2.10**.

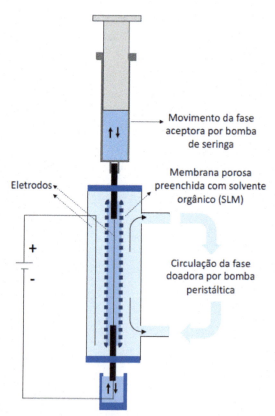

Figura 2.10. Esquema da eletroextração dinâmica em membrana proposta por Asl *et al.*, 2015.

A proposta da EME contínua (*continuous flow* μ-EE), por outro lado, é conceitualmente bastante semelhante à EME dinâmica, mas com uma sutil, porém fundamental distinção. Na DEME, o solvente orgânico é impregnado em um material polimérico (SLM), enquanto, na eletroextração contínua, o solvente orgânico que constitui a membrana líquida está livre (FLM), ou seja, o solvente orgânico atua como uma terceira fase para separar as outras duas (doadora e aceptora). Nesse sentido, um exemplo desse tipo de configuração é o trabalho de Schoonen *et al.* (2014) no qual é preparada uma célula capaz de empregar a eletroextração contínua de modo que a fase doadora flui constantemente durante a extração e a fase aceptora fica estagnada. A maior vantagem observada no trabalho de Shooner e colaboradores foi a grande capacidade de pré-concentração do sistema.

Eletroextração em membrana em sistema de microchip

Nas últimas duas décadas, houve um expressivo aumento no desenvolvimento de dispositivos miniaturizados de análise, os chamados *lab-on-a-chip* (Coltro *et al.*, 2007; Pol *et al.*, 2017; Zhu *et al.*, 2020; McNeill *et al.*, 2021). O tamanho reduzido desses dispositivos trouxe várias vantagens e melhorias de desempenho em relação aos equipamentos convencionais, como baixo consumo de solvente, portabilidade, baixo custo de construção, fabricação customizada, análises mais rápidas, entre outros. As técnicas de eletroextração possuem duas características que as tornam especialmente interessantes para serem incorporadas aos dispositivos microfluídicos, que são suas fontes de potencial elétrico e os eletrodos. Ambos os componentes podem ser reduzidos e ajustados com bastante facilidade para depois ser incorporados aos micrométricos e, às vezes, complexos canais dos *lab-on-a-chip*.

Para construir dispositivos de eletroextração no formato de *microchip*, além dos fundamentos de eletroextração, deve-se ter e empregar conhecimento de microfluídica, materiais e detectores de microanálise, especialmente os ópticos e os eletroquímicos. São vários os exemplos de trabalhos desenvolvidos com *microchips* e eletroextração (Petersen *et al.*, 2011; Schoonen *et al.*, 2014; Payán *et al.*, 2018; Hansen *et al.*, 2018; Seidi *et al.*, 2014), com destaque para o trabalho de Asl *et al.* (2016), que extraíram diclofenaco e nalmefeno em amostras de urina. O *microchip* apresentado pelos autores empregava dois canais independentes, um para extrair analitos catiônicos (nalmefeno) e outro para os aniônicos (diclofenaco), o que conferiu uma versatilidade de aplicação ainda maior ao dispositivo.

Outro exemplo interessante nessa área é o trabalho de Seidi *et al.* (2014), em que foi desenvolvido um dispositivo portátil no formato de um *microchip* capaz de realizar a eletroextração *in situ* de íons metálicos em amostras ambientais. Esse dispositivo foi capaz de realizar a extração de íons Pb^{2+}, utilizando-se, como fase aceptora, solução de iodeto de potássio, que atuou como um indicador do íon de interesse através da formação de um precipitado amarelo. A detecção foi feita por análise de imagem digital, adquirida através de um *smartphone*. Por meio da estratégia da precipitação e posterior aquisição de imagem, o trabalho em questão apresentou um conceito interessante ao executar tanto a etapa de preparo de amostra quanto a etapa de detecção *in situ*, com redução de tempo, de uso de solventes e de amostra.

Eletroextração simultânea em membrana

Quando consideramos analitos iônicos, estes podem ser, dependendo de suas características química (estruturas, grupos químicos e átomos) e das condições físico-químicas do meio (pH, força iônica, temperatura), aniônicos ou catiônicos. A configuração denominada eletroextração simultânea em membrana possui a interessante finalidade de extrair, simultaneamente, analitos catiônicos e aniônicos do compartimento onde se encontra a amostra (fase doadora). Bansheer *et al.* (2010) apresentaram este tipo de abordagem pela primeira vez, com a finalidade de extrair drogas ácidas e básicas em amostras de água residual. Para alcançar esse objetivo, os autores criaram um dispositivo com três compartimentos separados por uma membrana porosa de polipropileno. Um dos compartimentos externos era preenchido com tampão ácido, o outro com tampão básico, e no compartimento central, com solução aceptora. O dispositivo foi imerso em um solvente orgânico para formação da SLM previamente à imersão no reservatório de amostra e ao início da extração. Apenas dois anos depois, Seidi *et al.* (2012) desenvolveram uma versão ainda mais simples e versátil de extração paralela simultânea (**Figura 2.11**). Para essa nova versão dois pedaços de membrana porosa, uma representando o cátodo e outra o anodo, formaram um campo elétrico entre elas para a transferência dos analitos iônicos. Com esse arranjo, os autores simplificaram a construção e execução da eletroextração simultânea.

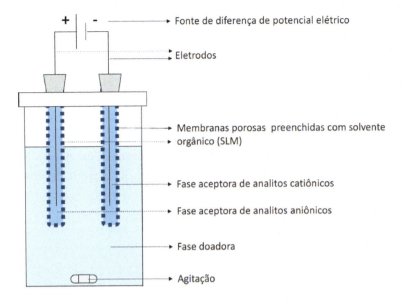

Figura 2.11. Esquema da configuração do sistema de eletroextração em membrana simultânea.

Micro e nanoeletroextração em membrana

O grande diferencial nesta versão de eletroextração é o nível de miniaturização do sistema para uma escala micro ou nanométrica. Esse avanço foi demonstrado por Kubáň e Boček (2014) para extração de diversas drogas básicas em amostras biológicas com excelentes resultados. A configuração do sistema se deu, aprisionando-se, em um fino tubo polimérico, a membrana líquida livre (FLM) posicionada entre as fases doadora e aceptora (cada uma contendo 1,5 mL). Posteriormente, o extrato final da fase aceptora foi analisado pela técnica de eletroforese capilar acoplada a um sistema de detecção por absorbância no ultravioleta-visível (**Figura 2.12**).

Quando reduzirmos ainda mais a escala da amostra ou da fase aceptora, temos a nanoeletroextração em membrana (Nano-EME). Com essa modalidade, é possível obter-se um grau elevado de pré-concentração do analito, devido ao baixo volume que a fase aceptora apresenta. Dois trabalhos se destacam nesta frente. O estudo de Payán *et al.* (2013) que desenvolveram e descreveram pela primeira vez a Nano-EME baseada em um capilar de sílica fundida, que continha a fase aceptora e a SLM. Nessa configuração, uma extremidade foi conectada ao compartimento da fase doadora, e a outra extremidade conectada ao equipamento de eletroforese capilar, para realização simultânea das análises de cinco drogas básicas. Entre as drogas analisadas, a loperamida ganhou destaque pelo elevado fator de pré-concentração obtido (acima de 500 vezes), em apenas 5 minutos. No trabalho de Hansen *et al.* (2018), a proposta foi a construção de um dispositivo vertical de Nano-EME em que o volume de fase doadora utilizado foi na ordem de microlitros e o a fase aceptora na ordem de nanolitros. Assim, foram alcançados fatores de pré-concentração de até 400 vezes, aplicando-se potenciais elétricos relativamente baixos (15 V) para seis substâncias básicas.

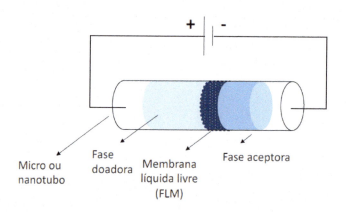

Figura 2.12. Esquema da configuração do sistema da micro e da nanoeletroextração em membrana.

Eletroextração em membrana livre de solventes orgânicos

Existe um crescente interesse em eliminar ou, ao menos, reduzir a quantidade de solventes orgânicos, geralmente tóxicos e caros, por alternativas ambientalmente mais amigáveis. Com o objetivo de reduzir o consumo de solventes orgânicos e tornar o processo mais adequado aos princípios da química verde, novas membranas e filtros têm sido desenvolvidos e aplicados na EME. Como exemplo, destaca-se o trabalho desenvolvido por Asadi *et al.* (2018), no qual um gel de poliacrilamida foi empregado como membrana na extração e quantificação de três fármacos básicos (pseudoefedrina, lidocaína e propranolol) em leite materno e águas residuais. Nesse sistema, ao permear a membrana a base de gel, os analitos foram extraídos da fase doadora para uma fase aceptora aquosa, o que dispensou o uso de solventes orgânicos no processo.

O trabalho de Tabani *et al.* (2017) também descreveu um método de eletroextração sem o uso de solventes orgânicos, no qual um gel de agarose foi empregado como membrana. O sistema proposto foi aplicado com sucesso na extração e quantificação de drogas básicas (rivastigmina, verapamil, amlodipina e morfina) em amostras aquosas. Neste exemplo, os autores concluíram que o emprego do gel como opção de membrana é uma estratégia muito interessante quando busca-se extrair analitos que apresentam grandes diferenças de polaridade.

Eletroextração trifásica e multifásica em membrana

Algumas modalidades de eletroextração foram desenvolvidas com os objetivos de acoplar-se diretamente com a técnica analítica, facilitar a execução, aumentar a estabilidade e elevar a robustez do sistema empregado, e dois exemplos de desenvolvimento que trouxeram essas melhorias foram as eletroextrações trifásica e multifásica. A modalidade trifásica de EME utiliza uma configuração de membrana líquida livre (FLM), na qual a interface entre a fase aceptora e a amostra é formada por uma camada de solvente orgânico livre, ou seja, que não está suportado em um material polimérico. Essa modalidade foi proposta, pela primeira vez, por Raterink *et al.* (2013) e empregada na extração e quantificação de acilcarnitinas em plasma humano. Nesse trabalho, os autores desenvolveram uma configuração vertical, em que a fase aceptora foi constituída por uma gota pendente localizada na extremidade de uma ponteira condutora. Uma camada de solvente orgânico imiscível em ambas as fases foi usada para separar as fases aceptora e doadora e atuar como um filtro, auxiliando no processo de *clean-up*. Desse modo, o sistema é formado por três fases (trifásico), a saber: fase doadora, o filtro orgânico e a fase aceptora (gota pendente). Após a extração, os analitos presentes na ponteira foram analisados diretamente em um espectrômetro de massas, em uma versão de eletronebulização realizada em ponteira, sem o auxílio de métodos de separação cromatográfico ou eletroforético.

Com o objetivo de aperfeiçoar o conceito e o emprego da modalidade trifásica, Orlando *et al.* (2019) apresentaram uma modalidade baseada em quatro fases (multifásica), na qual a fase aceptora foi imobilizada em um suporte sólido que também serviu como sorvente. Essa modalidade buscou contornar algumas dificuldades presentes na abordagem trifásica, como a baixa estabilidade da gota pendente quando elevados potenciais elétricos são aplicados por períodos mais longos. Para o suporte sólido, os autores empregaram cones de celulose embebidos com solução de eletrólito na fase aceptora e um filtro orgânico livre como membrana. Dessa forma, o sistema de eletroextração final formado era composto por quatro fases, sólido-líquido-líquido-líquido (cone de celulose-eletrólito-filtro orgânico-amostra). A nova modalidade foi desenvolvida na forma de um dispositivo para múltplas extrações (**multipoços**), capaz de realizar 66 extrações simultâneas e essa característica conferiu elevada frequência analítica. Para avaliar a eficiência do dispositivo, o corante catiônico violeta genciana foi extraído de carne de peixe e os resultados foram muito promissores. Posteriormente essa técnica foi utilizada por Souza *et al.* (2020) para quantificação de cocaína em amostras de saliva, com elevada seletividade, que foi demonstrada pela ausência de efeito de matriz. O esquema simplificado desta modalidade é apresentado na **Figura 2.13**.

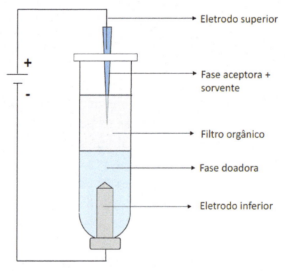

Figura 2.13. Esquema da eletroextração multifásica em cone de papel proposta por Orlando *et al.*, 2019.

Eletroextração em membrana em sistema de minidisco

Os já mencionados sistemas de preparo de amostras miniaturizados do tipo *microchip* podem empregar estratégias variadas para movimentar os fluídos (amostras e solventes) dentro de seus compartimentos. Uma opção interessante para tanto é utilizar a força centrífuga, que pode atuar, simultaneamente, em diferentes pontos do sistema de eletroextração e é facilmente controlada pela velocidade de rotação e diâmetro do rotor. A modalidade de eletroextração em sistema de minidisco é um exemplo de dispositivo em formato de *microchip* (*lab-on-a-disc electromembrane extraction*, **On-disc EME**) que é rotacionado para que a força centrífuga seja a principal promotora de movimento e mistura. Um exemplo típico é o trabalho desenvolvido por Karami e Yamini (2020), no qual um microdisco foi construído para realizar uma eletroextração em membrana seguida de uma microextração líquido-líquido dispersiva (*eletromembrane extraction-dispersive liquid-liquid microextraction*, **EME-DLLME**). O disco foi desenvolvido com seis compartimentos, e permitiram a realização de até seis extrações em paralelo. Após a eletroextração, a fase aceptora foi utilizada como fase doadora em uma etapa de microextração líquido-líquido dispersiva, realizada no mesmo disco. As grandes vantagens observadas com esse dispositivo foram a ausência de transferência manual entre as duas etapas de extração e o fácil ajuste da força centrífuga, que controlava o processo de transferência dos analitos entre os compartimentos. Essas qualidades foram demonstradas quando o dispositivo foi empregado na determinação de amitriptilina e imipramina em urina, plasma e saliva.

Eletroextração em membrana em sistema tubular

Algumas modalidades de eletroextração que empregam reduzidas quantidades de solvente orgânico e, ao mesmo tempo, são mais robustas que as fibras ocas cilíndricas porosas, foram desenvolvidas ao longo dos últimos anos. A eletroextração em membrana em sistema tubular, que é realizada dentro de um tubo cilíndrico (*in-tube*-**EME** ou **IEME**), é um desses desenvolvimentos. Esse conceito foi introduzido por Bazregar *et al.* (2015) em um trabalho no qual os autores utilizam uma fina folha de polipropileno, inserida em uma seringa de insulina, que atuou como suporte para o solvente da membrana e separou as fases aceptora e doadora (**Figura 2.15**). O sistema foi empregado na quantificação de aditivos alimentares (corantes sintéticos) em diferentes bebidas industrializadas. Foram atingidas elevadas recuperações (63-81%), e o consumo de solvente orgânico foi de apenas 0,5 µL, o que torna o processo mais alinhado com os princípios da química verde.

Como aplicação desta modalidade para a determinação de analitos inorgânicos, salienta-se o trabalho realizado por Boutorabi *et al.* (2017), no qual uma fina folha de polipropileno inserida dentro de um tubo foi usada para suportar a SLM. O sistema foi empregado para quantificação de Cr^{6+} em amostras de água de rio, torneira e mineral. Os grandes destaques para o trabalho foram os fatores de pré-concentração (23 vezes), os limites de quantificação e detecção tão bons ou melhores do que alguns métodos da literatura.

Eletroextração pulsada em membrana

Na ampla maioria das modalidades de eletroextração o campo elétrico é aplicado de forma contínua, tanto em relação à polaridade dos eletrodos quanto à ininterrupção do acionamento. Com essa estratégia alguns inconvenientes como sobreaquecimento, acúmulo de bolhas, perda da eficiência podem ocorrer, especialmente em campos elétricos mais elevados e por longos períodos. Uma estratégia para contornar essas limitações é a aplicação de um campo elétrico pulsado (*pulsed eletromembrane extraction*, **PEME**), no lugar do contínuo. Essa abordagem foi empregada, pela primeira vez, por Rezazadeh *et al.* (2012) em um sistema para extração dos analitos naltrexona e nalmefeno de fluidos biológicos (plasma e urina humanos). Os autores empregaram campos elétricos pulsados, com o objetivo de tornar o sistema mais estável, permitir a aplicação de elevadas tensões e reduzir o tempo de extração.

A PEME também foi utilizada por Rezazadeh *et al.* (2013) para a quantificação dos aminoácidos histidina, fenilalanina e triptofano em amostras de alimentos (leite de vaca e soro de leite) e biológicas (plasma e saliva humanos). Nesse trabalho, os autores destacam que a aplicação do campo elétrico pulsado mostrou ser uma boa alternativa para a EME convencional, empregada em matrizes com elevados teores de íons. Com o campo pulsado, a estabilidade do sistema foi aumentada, ao passo que o aquecimento por efeito Joule e a formação de bolhas foram reduzidos.

Eletroextração com grandes volumes de amostra

O aumento do volume da fase doadora em relação ao volume da fase aceptora tem sido empregado como estratégia para obtenção de maiores fatores de enriquecimento e menores limites de detecção e de quantificação. Esse recurso é especialmente interessante em situações em que há maior disponibilidade de amostra, como em análises de matrizes ambientais e de alimentos.

Nesta modalidade, destaca-se o trabalho desenvolvido por Viana *et al.* (2021), o qual descreve o desenvolvimento de um novo sistema multifásico de extração assistida por campo elétrico capaz de comportar volumes de amostra de até 35 mL. Esse sistema foi empregado para quantificar o corante verde malaquita em amostras de água de piscicultura, com elevados fatores de pré-concentração (cerca de 60 vezes) e detecção de poucos ng de analito. (**Figura 2.14**).

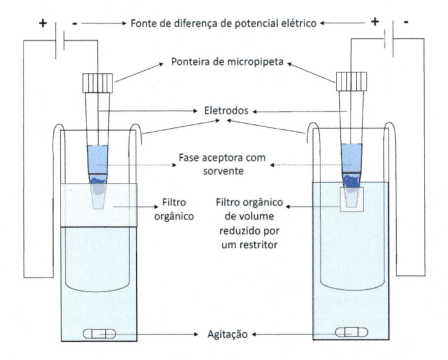

Figura 2.14. Esquema da eletroextração com grandes volumes de amostras apresentado por Viana *et al.*, 2021.

Extração em fase sólida e dispersão da matriz em fase sólida, com aplicação de campos elétricos

Entre as técnicas de preparo de amostras, existem aquelas onde se utiliza algum material sorvente como um recurso adicional à migração eletroforética. Existem vários trabalhos que utilizam materiais sorventes associados a campos elétricos na etapa de preparo de amostras, com posterior análise por eletroferese capilar (CE) hifenada com diferentes sistemas de detecção (Haddad *et al.*, 1999; Santos *et al.*, 2006; Moraes-Cid *et al.*, 2008). No entanto, foram os trabalhos de Orlando e seus colaboradores, realizados no Brasil, que permitiram a utilização campos elétricos em cartuchos de SPE do tipo seringa, para que os analitos extraídos fossem posteriormente determinados pela técnica mais conveniente (Orlando *et al.*, 2014; Ribeiro *et al.*, 2016; da Silva *et al.*, 2016). Primeiramente, os cartuchos de SPE foram adaptados com eletrodos em diferentes configurações, a fim de que o campo elétrico recaísse sobre o sorvente (Orlando *et al.*, 2014) (**Figura 2.15**).

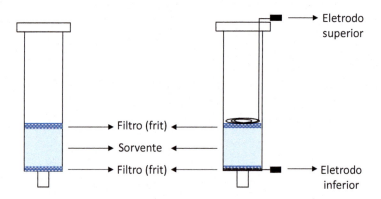

Figura 2.15. Esquema dos cartuchos do tipo seringa para E-SPE proposto por Orlando em 2011.

Com esses cartuchos e um sistema de múltiplas extrações, os autores demonstraram a eficiência aumentada pelo campo elétrico na determinação de quinolonas em leite e o efeito na retenção de analitos aniônicos em amostras tampão (Orlando *et al.*, 2014). Um sistema semi-automatizado foi construído para executar todas as etapas de extração em fase sólida de fluoroquinolonas em ovos (Ribeiro *et al.*, 2016). A essa técnica os autores deram o nome de E-SPE.

Posteriormente, em um trabalho de colaboração com da Silva e Faria, os cartuchos de E-SPE (*electrical solid phase extraction*) foram empregados para a dispersão da matriz em fase sólida, com a etapa de eluição assistida por campos elétricos. Com esse sistema, nomeado E-MSPD (*electrical matrix solid phase dispersion*), os autores fizeram a extração e a purificação de quinolonas em leite, em uma única etapa (da Silva *et al.*, 2016). Vantagens como a redução do efeito de matriz e da quantidade de interferentes no extrato, além do aumento da eficiência de extração foram observadas com a aplicação de campos elétricos na E-SPE e E-MSPD.

2.4 Aplicações e Otimização

As técnicas de eletroextração apresentam numerosas aplicações reportadas na literatura, envolvendo analitos diversos. Entre eles, estão: metais, ânions inorgânicos, pesticidas, peptídeos, aminoácidos, aminas bioativas, poliaminas, fármacos de diversas classes (antidepressivos, anti-inflamatórios, anti-hipertensivos, antimicrobianos), além de drogas de interesse forense. Em relação às matrizes, essas aplicações também são bastante diversificadas. Elas variam desde as mais simples amostras aquosas ambientais até as complexas matrizes biológicas de saliva, plasma, sangue, urina, leite materno, além de matrizes de alimentos como leite, carne, frutas, bebidas e outros.

Existem algumas diferenças importantes quando falamos de aplicações das técnicas de preparo de amostras com campos elétricos para extração e *clean-up* de analitos orgânicos ou inorgânicos. A seletividade exigida e obtida, o rendimento de recuperação e os parâmetros operacionais são ligeiramente diferentes para essas duas classes de compostos. Geralmente os íons inorgânicos são menos solúveis nos filtros orgânicos, já os orgânicos são ionizáveis em faixas mais estreitas e específicas de pH. Essas e outras diferenças, seus impactos no rendimento da eletroextração e as estratégias para cada classe de compostos serão detalhados a seguir.

Extração de compostos inorgânicos

Quando analisamos os trabalhos de eletroextração de analitos inorgânicos, é possível notar que eles descrevem, mais frequentemente, a remoção de metais em matrizes ambientais (águas naturais e efluentes), de alimentos (*e.g.* leite em pó e peixe) e biológicas (*e.g.* urina, líquido amniótico, plasma e soro humanos). Dentre essas aplicações, a mais expressiva é a ambiental que corresponde à grande maioria dos trabalhos apresentados na **Tabela 2.1**. Nessa tabela, a coluna "Preparo de amostra" traz um resumo de algumas das condições de eletroextração, bem como a modalidade empregada.

Tabela 2.1. Revisão de métodos analíticos que empregam eletroextração de analitos inorgânicos

Técnica analítica	Analito	Amostra	Preparo de amostra	Faixa linear (ng mL^{-1})	LD (ng mL^{-1})	LQ (ng mL^{-1})	Referência
CE-C^{4}D	Metais pesados	Água de torneira e leite em pó	EME, 75 V, 5 min, 1-octanol:DEHP (99,5:0,5, v/v)	0,1 – 40	0,03 – 0,2	–	Kubáň et al., 2011
CE-C^{4}D	ClO$_4^-$	Água potável, superficial, de torneira, de neve e de chuva	EME, 25 V, 5 min, 1-heptanol	1 – 100	0,25 – 1	–	Kiplagat et al., 2011
Fluorescência	U^{6+}	Água do mar	EME, 80 V, 14 min, NPOE:DEHP (99:1, v/v)	1 – 1000	0,1	–	Davarania et al., 2013
HPLC-UV	Cr^{3+} e Cr^{6+}	Água mineral, de torneira e de rio	DEME, 30 V, 9 min, 1-octanol	20 – 500 10 – 500	2,8 – 5,4	–	Safari et al., 2013

DIA	Pb^{2+}	Folhas de plantas e águas residuais	*On-chip* EME, 9 V, 20 min, 1-octanol	50 – 1500	20	50	Seidi *et al.*, 2014
UV-Vis	Th^{4+}	Água residual	EME, 90 V, 30 min, 1-octanol:DEHP (99,5:0,5, v/v)	10 – 2000	0,29	–	Khajeh[a] *et al.*, 2015
ASV	As^{3+}	Água de torneira e de rio	EME, 70 V, 15 min, 1-octanol:DEHP (97,5:2,5, v/v)	0,5 – 600	0,18	–	Kamyab[a]i *et al.*, 2016
UV-Vis	As^{5+}	Água subterrânea e de torneira	EME, 70 V, 15 min, 1-octanol:DEHP (97,5:2,5, v/v)	5 – 300	1,5	–	Kamyabi[b] *et al.*, 2016
ETAAS	Cr^{3+} e Cr^{6+}	Água mineral, de torneira e de rio	EME, 300 V, 10 min, 2-etil hexanol	0,05 – 5	0,02	–	Tahmasebi *et al.*, 2016
UV-Vis	Cr^{6+}	Água potável	*Eletroenhanced* HF-LPME, 30 V, 5 min, 1-heptanol:aliquat 336 (95:5, v/v)	3 – 15	1,0 – 3,5	–	Chanthasakda *et al.*, 2016
UV-Vis	Hg^{2+}	Água, água de torneira, de rio, de tratamento de peixes	EME, 70 V, 10 min, 1-octanol:DEHP (98:2, v/v)	2,3 – 950	0,7	2,3	Fashi[a] *et al.*, 2017

GFAAS	Hg²⁺	Água de torneira e de rio	EME, 60 V, 15 min, 1-octanol:DEHP (98:2, v/v)	0,5 – 10	0,5	–	Kamyabi et al., 2017
FAAS	Cr⁶⁺	Água mineral, de torneira e de rio	IEME, 250 V, 25 min, 1-octanol	10 – 600	3	–	Boutorabi et al., 2017
CE-C⁴D	Metais pesados	Água mineral, de torneira, e do mar	EME, 10 V, 20 min, 1-nonanol:DEHP (99:1, v/v)	0,03 – 0,59 0,10 – 2,07	0,06 – 0,19	–	Silva et al., 2018
ETAAS	Cr⁶⁺	Água destilada, de nascente e do mar	EME, 15 V, 10 min, 1-octanol	0,02 – 2	0,006	0,02	Tahmasebi et al., 2018
UV-Vis	Au³⁺	Água de torneira, de rio e de lençóis freáticos	EME, 18 V, 35 min, 1-octanol	20 – 2000	4,5	–	Khajeh et al., 2018
CE-UV	Pb²⁺	Urina, líquido amniótico, soro humano e batom	EMI, 300 V, 15 min, tampão NaH₂PO₄/Ba(BO₂)₂	100 – 10000	19	–	Basheer et al., 2008
IC	Ânions biológicos	Líquido amniótico humano	EME, 12 V, 5 min, metanol	100 – 10000	10 – 140	–	Tan et al., 2012
UV-Vis	Bi³⁺	Água ultrapura, plasma humano e formulações farmacêuticas	EME, 70 V, 10 min, 1-octanol:DEHP (99:1, v/v)	2,1 – 800	0,64 – 1,47	2,1 – 4,9	Fashi[b] et al., 2017

ASV: *anodic stripping voltammetry*; C⁴D: *capacitively coupled contactless conductivity detector*; CE: *capillary electrophoresis*; DEHP: *di-(2-ethylhexyl) phosphate*; DEME: *dynamic electromembrane extraction*; DIA: *digital image analysis*; EME: *electromembrane extraction*; EMI: *electromembrane isolation*; ETAAS: *electrothermal atomic absorption spectrometry*; FAAS: *flame atomic absorption spectroscopy*; GFAAS: *graphite furnace atomic absorption spectrometry*; HF-LPME: *hollow-fiber liquid-phase microextraction*; HPLC: *high-performance liquid chromatography*; IC: *ion chromatograhy*; IEME: *in-tube electromembrane extraction*; LD: *limit of detection*; LQ: *limit of quantification*; NPOE: *2-nitrophenyl octyl ether*; On-chip EME: *lab-on-a-chip electromembrane extraction*; UV-Vis: *ultraviolet-visible detector*; UV: *ultraviolet*; "–": informação não encontrada no trabalho ou não se aplica.

Dentre as modalidades apresentadas na Tabela 2.1, a EME convencional tem sido a mais utilizada, empregando-se, frequentemente, álcoois puros ou com aditivos, como filtro orgânico. Isso ocorre, provavelmente, devido ao baixo consumo de solvente orgânico utilizado na fibra oca e à ampla disponibilidade e menor custo dos álcoois como filtro orgânico. Em comparação com a eletroextração de analitos orgânicos, o potencial elétrico aplicado é, em geral, mais baixo, com cerca de 80% dos trabalhos empregando valores de até 70 V ou inferiores.

Quanto à determinação dos analitos inorgânicos, a técnica espectroscópica na região UV-Vis foi a mais utilizada e, em alguns casos, proporcionou limites de detecção comparáveis às técnicas de absorção atômica. Exemplos são os trabalhos de Fashi *et al.* (2017) e Kamyabi *et al.* (2017). Nos quais ambos determinaram Hg^{2+} em amostras de água, alcançando limites de detecção de 0,7 ng mL^{-1} (UV-Vis) e 0,5 ng mL^{-1} (GFAAS), respectivamente. Também recebem destaque os trabalhos de Safari *et al.* (2013), Chanthasakda *et al.* (2016) e Boutorabi *et al.* (2017), que determinaram Cr^{6+} com limites de detecção de 2,8 ng mL^{-1} (HPLC-UV), 3,5 ng mL^{-1} (UV-Vis) e 3 ng mL^{-1} (FAAS), respectivamente.

Nos trabalhos que envolviam a análise de vários metais simultaneamente, a extração dos íons de interesse se deu de maneira multielementar de cátions e ânions, separados ou ambos ao mesmo tempo. Outra estratégia interessante é a extração seletiva dos íons ou, até mesmo, a especiação de íons de diferentes estados de oxidação. Safari *et al.* (2013) usaram essa modalidade na especiação de cromo Cr^{6+} e Cr^{3+}, que foram determinados por HPLC-UV após complexação com ditiocarbamato de amônio e pirrolidina. Apesar da repetibilidade do método desenvolvido não ter alcançado valores típicos para a técnica, os demais parâmetros de validação avaliados pelos autores foram iguais ou superiores aos de outros trabalhos da literatura. Além disso, os autores destacaram o baixo consumo de solvente para embeber a fibra oca, o reduzido volume de amostra (2,1 mL) e o curto tempo empregado na etapa de preparo (30 minutos).

Extração de compostos orgânicos

A grande maioria dos trabalhos de eletroextração reportadas são aplicados para analitos orgânicos, sobretudo em análises de matrizes biológicas. Na Tabela 2.2, estão apresentados trabalhos com aplicações de eletroextração nas áreas ambiental, de alimentos, forense e clínica/toxicológica. Um resumo das condições otimizadas (diferença de potencial elétrico, tempo de extração e filtro orgânico), bem como a modalidade da eletroextração empregada são apresentados na coluna "Preparo de amostra".

Além de representar a ampla maioria dos trabalhos publicados, quando comparamos as Tabela 2.1 e Tabela 2.2, é notório que os procedimentos de eletroextração de compostos orgânicos emprega uma diversidade muito maior de solventes para a formação dos filtros orgânicos. Como existe uma maior variedade nas características físico-químicas das moléculas orgânicas e seus respectivos íons, é mais desafiador encontrar um solvente que permita tanto uma permissividade aceitável aos íons de interesse como uma seletividade adequada. Outro importante diferencial apresentado pelos compostos orgânicos é que, frequentemente, seus íons apresentam uma menor mobilidade eletroforética em comparação aos íons inorgânicos. Uma importante consequência dessas duas características citadas é a necessidade de aplicação de potenciais elétricos mais elevados e/ou por tempos mais longos para obter o rendimento desejado (Tabela 2.1 e Tabela 2.2).

Em relação aos tipos de amostras, os trabalhos de eletroextração de compostos orgânicos apresentaram excelentes resultados de eficiência, pré-concentração e *clean-up* em uma gama de amostras muito ampla e de diferentes complexidades. O grande número de aplicações em fluídos biológicos e alimentos, que são ricos em compostos interferentes como proteínas, lipídios e sais dissolvidos, deixa evidente que o potencial das diferentes modalidades de eletroextração estende-se às indústrias de alimentos, laboratórios forenses, laboratórios clínicos, de controle de qualidade, entre outros.

Tabela 2.2. Revisão de métodos analíticos que empregam eletroextração de analitos orgânicos

Técnica analítica	Analito	Amostra	Preparo de amostra	Faixa linear (ng mL^{-1})	LD (ng mL^{-1})	LQ (ng mL^{-1})	Referência
CE-C^{4}D	Produto de degradação de agentes nervosos	Efluente	EMI; 300 V; 30 min; 1-octanol	5 – 500	0,022 – 0,11		Xu et al., 2008
GC-MS	Norefedrina, anti-inflamatórios e beta-bloqueadores	Água	EME simultâneo; 300 V; 10 min; tolueno	1 – 200	0,0081 – 0,26	–	Basheer et al., 2010
HPLC-DAD	Anti-inflamatórios não esteroidais	Efluente	EME; 10 V; 10 min; 1-octanol	0,29 – 100	0,0009 – 9,0	0,003 – 11,1	Payán[b] et al., 2011
HPLC-UV	Ácidos haloacéticos, ácido acético aromático	Efluente	EME; 200 V; 30 min; tolueno	5 – 200	0,72 – 40	–	Alhooshani et al., 2011
HPLC-UV	Mebendazol	Água	EME; 150 V; 15 min; NPOE	0,5 – 1000	0,1	–	Eskandari et al., 2011
HPLC-UV	Diclofenaco sódico	Efluente	EME; 20 V; 5 min; 1-octanol	8 – 500	2,7 – 5	8 – 15	Davarani et al., 2012
HPLC-UV	Salbutamol e terbutalina	Efluente	EME; 200 V; 20 min; NPOE:DEHP:	10 – 2000	5 – 10	10 – 20	Rezazadeh et al., 2012

			TEHP (8:1:1, v/v/v)				
HPLC-DAD	Fluoro-quinolo-nas	Efluente	EME; 50 V; 15 min; 1-octanol	0,06 – 1	14 – 70	–	Payán et al., 2013
HPLC-UV	Vera-pamil, imipra-mina e clomipra-mina	Efluente	EME rotação virtual; 200 V; 15 min; 2-etil-hexanol	10 – 1000	3,3 – 4,3	10 – 13	Davarani et al., 2016
HPLC-DAD	Parabe-nos	Efluente	EME; 30 V; 40 min; 1-octanol	2,4 – 100	0,98 – 1,43	–	Villar-Navarro et al., 2016
HPLC-UV	Rivastig-mina, ve-rapamil, anlodi-pina e morfina	Efluente	Agarose-EME; 25 V; 25 min; sem solvente or-gânico	5 – 1000	1,5 – 1,8	5 – 6	Tabani et al., 2017
CE-UV	Carben-dazim, ti-aben-dazol	Água de torneira e rio	EME; 300 V; 15 min; ENB	3,7 – 500	1,1 – 2,3	3,7 – 7,7	Oliveira et al., 2017
HPLC-UV	Lidoca-ína, pro-panolol, Pseudoe-fedrina	Efluente	Poliacrila-mida-EME; 85 V; 28 min; sem sol-vente orgâ-nico	1 – 2000	0,3 – 3,3	1 – 10	Asadi et al., 2018
HPLC-UV	Anlodi-pino, ve-rapamil e clomipra-mina	Efluente	EME-RHE; 300 V; 20 min; 2-etil-hexa-nol	10 – 2000	3,33 – 5	10 – 15	Moazami et al., 2018
GC-FID	Imipra-mina e	Efluente	EME-EA-LLME; 300 V; 15 min;	0,5 – 750	0,15	0,5	Nojavan et al., 2018

	clomipramina		2-etil-hexanol				
CE-C⁴D	Ciromazina, melamina	Água de superfície e solo	DS-EME; 60V; 20 min; NPOE:DEHP:TEHP (8:1:1, v/v/v)	2 – 500	0,7 – 1,5	–	Guo et al., 2020
HPLC-UV	Diclofenaco sódico	Leite bovino	EME; 20 V; 5 min; 1-octanol	8 – 500	2,7 – 5	8 – 15	Davarani et al., 2012
HPLC-UV	Tartrazina	Bebidas e xarope de ervas	EME; 30 V; 15 min; 1-octanol	25 – 1000	27	7,5	Yaripour et al., 2016
CZE-C⁴D	Etano-1,2–diamino, hexano-1,6–diamino	Água mineral, bebidas carbonatadas, chás	EME; 10 V; 15 min; ENB:DEHP (91:9 v/v)	0,50 – 100	0,12 – 0,39	0,4 – 1,3	Liu et al., 2017
HPLC-DAD	Cafeína e ácido gálico	Café	EKE; 30 V; 5h; NPOE:DEHP:1-octanol (90:5:5, v/v/v)	–	–	–	Khajeh et al., 2017
HPLC-UV	Fenilalanina e tirosina	Suco de frutas	Agarose-EME; 40 V; 15 min; nenhum solvente	25 – 1000	25	7,5	Sedehi et al., 2018
CE-C⁴D	Ciromazina e melamina	Pepino	DS-EME; 60V; 20 min; NPOE:DEHP:TEHP (8:1:1, v/v/v)	0,5 – 500	0,2 – 1,5	–	Guo et al., 2020

CD-IMS	Tiabendazol	Suco de frutas	SBA-15/EME; 175 V; 30 min; NPOE	5 – 500	0,9	–	Nilash et al., 2019
DIA	Violeta genciana e leuco violeta genciana	Músculo de peixe	MPEE; 300V; 3 min; 1-octanol	2 – 100	1,37	–	Orlando et al., 2019
GC-MS	Aminas biogênicas	Peixe enlatado	EME-DLLME; 150 V; 30 min; NPOE	1 – 1000	0,03 – 0,11	0,06 – 0,29	Kamankesh et al., 2019
HPLC-UV	Amina heterocíclica aromática	Carne grelhada	On-chip FM-EME; 100 V; 15 min; NPOE: DEHB (95:5, v/v)	5 – 1000	0,9 – 1,7	2,9 – 5,6	Kamankesh et al., 2020
HPLC-UV	Efedrina	Plasma e urina	EME; 100V; 15 min; NPOE:DEHP (9:1, v/v)	30 – 1000 15 – 750	10 – 5	30 – 15	Fotouhi et al., 2011
UHPLC-MS/MS	Anfetaminas	Sangue	EME; 5 min; 15 V; ENB	10 – 250	0,039 – 2,61	–	Jamt et al., 2012
GC-MS	Metanfetamina	Urina	EE-SPME; 12V; 20 min; fibra CAR/PDMS	0,5 – 15	0,25	–	Tan et al., 2013
DPV	Morfina	Urina	EME; 90 V; 24 min NPOE:TEHP: DEHP (8:1:1, v/v/v)	5 – 200 200 – 2000	1,5	5	Ahmar et al., 2014

CE-UV	Cocaína, opioides, anti-inflamatórios e enalapril	Urina	EME; 50 V; 15 V; NPOE[a] 1-octanol	15 – 500 45 – 500	–	15 – 45	Koruni et al., 2014
HPLC-DAD	Aminas biogênicas	Urina	IL-EME; 1,5 V; 10 min; [C₆MIm][PF₆]	20 – 720 20 – 640	2,3 – 8,1	10,4 – 23,1	Sun et al., 2014
HPLC-UV	Opioides	Urina	EME; 90V; 10 min; NPOE:DEHP (85:15, v/v)	25 – 1000 125 – 1000	10 – 50	25 – 125	Yamini[b] et al., 2014
CE-C⁴D	Anfetaminas	Plasma	EME-HPIM; 300 V; 10min; HPIM	5 – 500 10 – 500	1,0 – 2,5	3,5 – 8,5	Mamat e See, 2015
HPLC-UV	Pseudoefedrina, lidocaína e propranolol	Leite materno	EME; 85 V; 28 min; membrana em gel	1 – 1000 5 – 2000	0,3 – 3,3	1,0 – 10,0	Asadi et al., 2018
UHPLC-MS/MS	Benzodiazepínicos	Plasma	EME; 20 V; 15 min; NPOE	5,0 – 100	0,10	5,0	Vårdal et al., 2018
UHPLC-MS/MS	Cocaína	Saliva	MPEE; 300 V; 35 min; 1-octanol	1 – 100	0,3	0,8	Sousa et al., 2020
HPLC-UV	Metadona	Sangue	EME; 125V; 60 min; NPOE	50 – 1500	0,4	1,3	Restan et al., 2020

HPLC-UV	Morfina e codeína	Plasma e urina	IG-EME; 25 V; 30 min; gel de agarose	5 – 1000	1,5	5,0	Rahimi et al., 2020
HPLC-UV	Nalmefeno e naltrexona	Plasma e urina	EME; 100 V; 20 min; NPOE:DEHP (85:15, v/v)	40 – 1000 20 – 1000	10 – 20	20 – 40	Rezazadeh et al., 2011
HPLC-UV	Beta bloqueadores	Saliva	EME; 250 V; 15 min; NPOE:TEHP:DEHP (85:5:10, v/v/v)	10 – 5000	2,0	–	Seidi[a] et al., 2011
HPLC-UV-Vis	Nalmefeno e diclofenaco	Urina	EME; 40 V; 14 min; NPOE:DEHP (95:5, v/v) (para nalmefeno) e 1-octanol (para diclofenaco)	8 – 500 12 – 500	2 – 4	8 – 12	Seidi et al., 2012
HPLC-UV	Diclofenaco	Plasma Urina	EME; 20 V; 5 min; 1-octanol	8 – 500 15 – 500	2,7 – 5	8 – 15	Davarani et al., 2012
GC-FID	Antidepressivos tricíclicos	Plasma e urina	EME-DLLME; 240 V; 14min; NPOE	10 – 500 40 – 500	3 – 15	10 – 20	Seidi et al., 2013
HPLC-UV	Aminoácidos	Plasma e saliva	PEME; 100V; 20 min; NPOE:TEHP:DEHP (80:10:5, v/v/v)	10 – 2000 50 – 2000	5 – 30	10 – 50	Rezazadeh et al., 2013

Técnica	Analitos	Matriz	Condições	Faixa linear (ng mL⁻¹)	LOD (ng mL⁻¹)	EF	Referência
GC-MS	Antidepressivos	Urina	two-phase EME; 60 V; 15 min; 1-heptanol	1 – 500	0,10 – 0,25	–	Davarani[b] et al., 2013
HPLC-UV	Atenolol e betaxolol	Plasma e urina	PEME; 100 V; 20 min; NPOE:DEHP (9:1, v/v) (para atenolol) e NPOE (para betaxolol)	5 – 1000 25 – 1000	2 – 10	–	Arjomandi-Behzad et al., 2013
CZE-C⁴D	Poliaminas	Saliva	EME; 100 V; 20 min; ENB:DEHP (96,7:3,3, v/v/v)	0,5 – 100	1,4 – 7,0	4,7 – 23,3	Liu et al., 2014
CE-UV	Nortriptilina, haloperidol, loperamida	Urina e soro	µ-EME; 100 V; 5 min; ENB	1000 – 5000	22000 – 47000	–	Kubáň e Boček, 2014
HPLC-MS	Antidepressivos e anti-inflamatórios	Plasma	EME-LPME; 300V; 15 min; NPOE	10 – 600 1000 – 60000	1,2 – 300	4 – 900	Huang et al., 2015
HPLC-DAD	Ácidos orgânicos	Urina	EME; 30 V; 30 min; 1-octanol	12 – 500	1,9 – 3,1	–	Khajeh[b] et al., 2015
CD-IMS	Antidepressivos	Urina	EME; 190 V; 30 min; NPOE	10 – 50 50 – 1000	2,4 – 4,5	–	Aladaghlo et al., 2016
HPLC-UV	Verapamil,	Plasma	EME rotação virtual; 300 V; 20 min;	10 – 1000	3,3 – 4,3	10 – 13	Davarani et al., 2016

	trimipramina, clomipramina		2-etil hexanol	13 – 1000			
GC-FID	Antidepressivos tricíclicos	Urina e sangue	EM-SPME	0,1 – 50 5 – 50	0,05 – 0,6	0,1 – 0,5	Mohammadkhani et al., 2016
CE-UV	Amitriptilina, bupivacaina propranolol, haloperidol	Plasma	Pa-EME; 100 V; 20 min; NPOE	–	–	–	Drouin et al., 2017
CE-MS/MS	Metabólitos endógenos	Plasma	Pa-EME; 300 µA; 15 min; NPPE	–	–	–	Drouin et al., 2018
CE-UV	Nortriptilina, papaverina haloperidol	Plasma e urina	µ-EME; 150 V; 10 min; ENB	1000 – 20000	100 – 150	–	Dvořák et al., 2018
HPLC-UV	Antidepressivos tricíclicos	Plasma e urina	EME; 300V; 20 min; 2-etil hexanol	10 – 2000 15 – 2000	3,3 – 5	10 – 15	Moazami et al., 2018
FFTSWV	Imipramina	Sangue e urina	EME; 150 V; 10min; NPOE	0,02 – 1000 0,2 – 1000	0,001 – 0,01	0,02 – 0,2	Mofidi et al., 2018
GC-FID	Clomipramina, imipramina	Urina	EME-LLME; 300 V; 15 min; 2-etil hexanol	0,5 – 500 0,5 – 750	0,15	0,5	Nojavan et al., 2018

HPLC-UV	Aminoácidos	Plasma	EME; 40 V; 15 min; gel de agarose	25 – 1000	7,5	25	Sedehi et al., 2018
CE-UV	Ibuprofeno, cetoprofeno, naproxeno e diclofenaco	Soluções padrão, urina, e águas residuais	µ-EME; 100V; 15 min; 1-octanol	50 – 2500	4 – 20	–	Šlampová e Kubáň, 2019
CE-UV	Aminas biogênicas	Urina	3-phase EE; 3 kV; 8 min; EtOAc	8,81 – 881 17,6 – 881	2,64 – 5,81	–	Oedit et al., 2020
UHPLC-MS	Tiramina, efedrina e beta bloqueadores	Urina e plasma	EME; 50 V; 20 min; NPPE:DEHP (1:1, v/v)	–	–	–	Hansen et al., 2020
HPLC-UV	Peptídeos	Plasma	EME; 30 V; 15 min; gel de agarose	15 – 1000 20 – 1000	4,5 – 6,0	15 – 20	Pourahadi et al., 2020
CE-UV	Nortriptilina, papaverina, loperamida e haloperidol	Solução fisiológica, urina e sangue	µ- EME; 250 V; 15 min; 4-nitrocumeno	30 – 1000 80 – 1000	5 – 28	–	Šlampová e Kubáň, 2020

ABS-EE: *aqueous biphasic systems electroextraction*; CAR/PDMS: *carboxen/polydimethylsiloxane*; C⁴D: *capacitively coupled contactless conductivity detector*; CD-IMS: *corona discharge ionization ion mobillity*; CE: *capillary electrophoresis*; CZE: *capillary zone electrophoresis*; DAD: *diode array detector*; DEHP: *di-(2-ethylhexyl) phosphate*; DIA: *digital image analysis*; DLLME: *dispersive liquid-liquid microextraction*; DPV: *differential pulse voltammetry*; DS-EME: *double surfactants-assisted electromembrane extraction*; EA-LLME: *electric-assisted liquid-liquid microextraction*; EE: *three-phase electroextraction*; EE-SPME: *electroenhanced solid-phase microextraction*; EKE: *electrokinetic extraction*; EME: *electromembrane extraction*; EME-RHE: *electromembrane extraction with round-headed platinum wire*; EMI: *eletrocmembrane isolation*; ENB: *1-ethyl-2-nitrobenzene*; EtOAc: *ethyl acetate*; FFTSWV: *fast Fourier transform square wave voltammetry*; FID: *flame ionization detector*; GC: *gas chromatography*; HPIM: *hollow polymer inclusion membrane*; HPLC: *high-performance liquid chromatography*; IG-EME: *inside gel electromembrane extraction*; IL-EME: *ionic liquid-based electromembrane extraction*; LD: *limit of detection*;

LLME: *liquid-liquid microextraction*; LPME: *liquid phase microextraction*; LQ: *limit of quantification*; On-chip FM-EME: *lab-on-a-chip with flat membrane-based electroextraction*; MPEE: *multiphase extraction assisted by electric fields*; MS: *mass spectrometry*; MS/MS: *tandem mass spectrometry*; NPOE: *2-nitrophenyl octyl ether*; NPPE: *2-nitrophenyl pentyl*; Pa-EME: *parallel electromembrane extraction*; PEME: *pulsed electromembrane extraction*; SBA-15: *mesoporous silica*; TEHP: *tris-(2-ethylhexyl) phosphate*; two-phase EME: *two-phase electromembrane extraction*; UHPLC: *ultra-high performance liquid chromatography*; UV: *ultravioleta detector*; UV-Vis: *ultraviolet-visible detector*; "–": informação não encontrada no trabalho ou não se aplica.

Na área ambiental, a aplicação das técnicas de eletroextração de compostos orgânicos em análises de água tem possibilitado alcançar baixos limites de detecção (LD), mesmo nas complexas amostras de efluentes. No trabalho de Basheer *et al.* (2010), por exemplo, os autores utilizaram a eletroextração em membrana e a análise por GC-MS para determinação simultânea de analitos ácidos e básicos. Entre os compostos analisados estão alguns anti-inflamatórios e beta bloqueadores cujos limites de detecção alcançados ficaram na faixa de 0,0081 – 0,26 µg L^{-1}.

Por outro lado, alguns trabalhos têm obtido baixos LD mesmo com o uso de detectores relativamente mais baratos, como os de absorção no ultravioleta-visível com arranjo de fotodiodos (*diode array detector*, DAD) e os de fluorescência (*fluorescence detector*, FLD). Payán *et al.* (2011) obtiveram LD de até 0,0009 µg L^{-1} para análises de anti-inflamatórios não esteroidais, aplicando a EME e a determinação por HPLC-FLD. Entre os métodos de análise de efluentes que utilizam EME e LC-DAD/UV, podemos citar os relatados por Eskandari *et al.* (2011) e Alhooshani *et al.* (2011) para a determinação de mebendazol (LD 0,1 µg L^{-1}) e de ácidos haloacéticos (LD 0,72 µg L^{-1}), respectivamente. Devido à seletividade e ao poder de pré-concentração das técnicas de eletroextração, nesses trabalhos foi possível obter LD bastante baixos (ppb), em matrizes ricas em concomitantes, mesmo com o emprego de sistema de detecção menos sensíveis e seletivos.

Para matrizes de complexidade ainda maior, como as amostras de alimentos, as técnicas de eletroextração combinadas a diversos sistemas de determinação têm possibilitado métodos muito promissores. Para análise de leite, por exemplo, Davarani *et al.* (2012) utilizaram a EME para determinação de diclofenaco sódico por HPLC-UV, alcançando LD de 2,7 µg L^{-1}. Outro exemplo que demonstra o poder da eletroextração foi reportado no trabalho de Orlando *et al.* (2019), que desenvolveram um método para análise do corante violeta genciana em músculo de peixe. Para tanto, empregou-se a técnica de eletroextração multifásica em conjunto com a análise de imagens digitais (*digital image analysis*, DIA) através de escâner de mesa comum. Como resultado, os autores obtiveram baixo LD (1 µg L⁻¹) e alto *clean-up* com uma técnica de detecção extremamente simples, barata e acessível. A obtenção de extratos mais limpos após a eletroextração, associada ao uso de sistemas de detecção mais baratos e robustos, como os acima mencionados, são muito importantes para laboratórios com poucos recursos ou aqueles onda a frequência analítica é elevada.

A elevada capacidade de *clean-up* e pré-concentração das técnicas de eletroextração fica ainda mais evidentes nos métodos que empregam sistemas de detecção simples, baratos e até mesmo construídos em laboratório, como os sistemas de detecção condutométricos sem contato capacitivamente acoplado (*capacitively coupled contactless conductivity detector*, C⁴D). Os detectores C⁴D, normalmente acoplados à eletroforese capilar, já foram utilizados juntamente com a EME para análise do composto inseticida ciromazina em pepino (Guo *et al.*, 2020), de produtos de degradação de agentes nervosos em efluente (Xu *et al.*, 2008) e de anfetaminas em plasma (Mamat e See, 2015).

Não obstante as inúmeras aplicações apresentadas na literatura para matrizes de alimentos e ambientais, as matrizes biológicas são, indubitavelmente, as mais exploradas em termos de aplicações das técnicas de eletroextração. As análises de amostras biológicas são especialmente importantes na área clínica, toxicológica e forense, tendo como alvo uma diversidade de substâncias orgânicas (*e.g.* fármacos de diferentes classes, drogas de abuso, aminas bioativas, aminoácidos, poliaminas, peptídeos), entre outros compostos. Apesar de serem matrizes desafiadoras em termos de complexidade, limites de detecção baixos têm sido obtidos associando-se á eletroextração diferentes técnicas de determinação. Exemplos dessa afirmação são as análises por UHPLC-MS/MS de anfetaminas em sangue (LD 0,039 – 2,61 µg L⁻¹), de benzodiazepínicos em plasma (LD 0,1 µg L⁻¹) e a análise por GC-MS de antidepressivos em urina (LD 0,1 – 0,25 µg L⁻¹), apresentadas nos métodos desenvolvidos por Jamt *et al.* (2012), Vårdal *et al.* (2018) e Davarani *et al.* (2013), respectivamente.

Parâmetros de otimização

A sua elevada pré-concentração, *clean-up* e velocidade de transferência de massa possibilitam que as técnicas de eletroextração alcancem grande eficiência e, assim como outras técnicas de preparo de amostras, seu desempenho pode ser melhorado através de experimentos de otimização univariados ou multivariados. Em eletroextração, esse aspecto tem especial importância, uma vez que muitos parâmetros podem exercer influência sobre a eficiência de extração e no *clean-up* obtidos, todos intimamente dependentes das propriedades físico-químicas dos analitos e dos concomitantes da matriz. Nesse contexto, quase a totalidade dos métodos reportados na literatura, qualquer que seja a aplicação, realizam algum experimento de otimização durante o desenvolvimento do método.

Os parâmetros mais explorados na otimização da eletroextração dos trabalhos apresentados na Tabela 2.2 e na Tabela 2.3 estão apresentados na Figura 2.16. Nessa compilação, é possível perceber que o potencial elétrico, o tempo de extração, o pH das fases aceptora e doadora, e o filtro orgânico foram aqueles mais frequentemente otimizados e representaram quase 75% de todos os parâmetros estudados nesses trabalhos. Além disso, outros parâmetros relacionados à técnica de eletroextração, como o tipo de eletrólito das fases doadora e aceptora, a temperatura, o volume de amostra e a distância entre os eletrodos também foram mencionados em alguns trabalhos e estão reportados como outros na Figura 2.16.

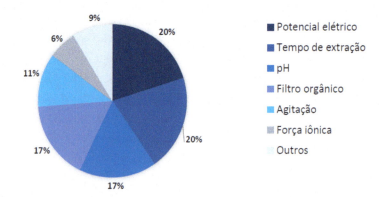

Figura 2.16. Porcentagem das vezes em que os parâmetros estudados e otimizados nos métodos descritos nas Tabela 2.1 e Tabela 2.2 foram otimizados.

Nas próximas seções, será feita uma breve descrição dos principais parâmetros apresentados na **Figura 2.16** será. Em seguida, trataremos de como cada um deles influência o processo de eletroextração.

Potencial Elétrico

Na eletroextração, as principais forças motrizes que promovem o movimento dos analitos iônicos são a diferença de concentração, que promove a difusão passiva, os movimentos de agitação, quando uma ou mais fases são movimentadas de diversas maneiras (vortex, ultrassom, etc.), e o campo elétrico aplicado entre as fases doadora e aceptora. Considera-se a última força motriz a principal responsável por promover o aumento da transferência de massa entre as fases. Isso, porque o campo elétrico afeta a distribuição observada dos analitos entre as fases, além da migração de espécies carregadas em direção ao eletrodo de carga oposta. Isso pode ser confirmado, observando-se a **equação 2.1** e a **equação 2.11**, as quais mostram que o coeficiente de distribuição (k_D^*) é dependente do potencial elétrico aplicado entre as fases e do fluxo de íons em um estado estacionário através de uma membrana líquida (J_i), e está relacionado a um parâmetro adimensional (ν), o qual também é diretamente proporcional ao campo elétrico ($\Delta\phi \propto E$).

A intensidade do campo está diretamente associada à magnitude da diferença do potencial elétrico aplicado entre as fases doadora e aceptora, conforme mostra a **equação 2.2**. Segundo a lei de Ohm, em uma situação ideal em que a resistência do sistema é considerada constante, o aumento da tensão aplicada leva a um aumento proporcional da corrente elétrica que flui pelo sistema (Skoog *et al.*, 2018; Harris, 2017). Contudo, o emprego de potenciais elétricos pode levar à diminuição dos níveis de recuperação e a problemas de estabilidade no sistema, os quais podem prejudicar a repetibilidade e a eficiência das extrações. Entre os problemas mais frequentes, está a ocorrência de sobreaquecimento pelo efeito Joule. Esse fenômeno é dependente da corrente elétrica resultante e da tensão aplicada, como mostrado na **equação 2.8**, e ocorre devido ao movimento e atrito dos íons em solução, provocando a liberação de calor (Yamini *et al.*, 2014; Seip *et al.*, 2015; Campos *et al.*, 2015). Assim, quanto maior a corrente elétrica presente no sistema, maior será o aquecimento por efeito Joule. Soma-se a esse problema as reações de eletrólise, que também são dependentes do campo elétrico aplicado, e que podem aumentar a probabilidade de degradação dos analitos, do solvente e de todos os componentes solúveis que formam as fases doadora e aceptora (**equação 2.6** e **equação 2.7**). Em alguns casos, alterações expressivas do pH das fases, formação e acúmulo de bolhas sobre os eletrodos, neutralização e retromigração dos analitos para o filtro orgânico já foram relatados (Yamini *et al.*, 2014; Seip *et al.*, 2015; Drouin *et al.*, 2019).

  O aumento do campo elétrico favorece a migração das espécies carregadas e contribui para maiores valores de recuperação dos analitos podendo discriminar os tipos de analitos que serão extraídos de acordo com sua magnitude. Valores mais altos de potencial podem fazer com que vários compostos sejam extraídos simultaneamente, o que prejudica a seletividade e o *clean-up*. Um exemplo disso é o trabalho desenvolvido por Domínguez *et al.* (2012), no qual a aplicação de baixos valores de potencial elétrico (5 V) permitiu a extração seletiva das drogas metadona e loperamida em plasma humano, enquanto as demais drogas básicas presentes na amostra não foram extraídas. Já em tensões mais elevadas (50 V), todos os analitos foram eficientemente extraídos. Por outro lado, para as espécies eletricamente neutras o campo elétrico exerce pouca ou nenhuma influência sobre o processo de extração e seus efeitos, quando detectados, se dão de forma indireta pela ação do fluxo eletrosmótico, pela migração por ação de carreadores eletricamente carregados, ou ainda pelo efeito do aquecimento sobre a difusão ou a partição.

  Por esses motivos, a diferença de potencial elétrico aplicado é um dos parâmetros mais relevantes na otimização de sistemas de eletroextração e, consequentemente, um dos mais estudados (**Figura 2.16**). Em geral, a diferença de potencial aplicada nos diferentes modos de eletroextração está na faixa de 9 a 300 V e varia conforme as características de cada sistema e amostra. Os sistemas com SLM mais hidrofóbicas, por exemplo, normalmente requerem maiores potenciais elétricos, uma vez que esses solventes são, em sua maioria, eletricamente mais resistivos. Potenciais elétricos maiores que 300 V, por sua vez, não são muito utilizados, devido às já comentadas instabilidades geradas no sistema, assim como às limitações das fontes de potencial elétrico mais comuns disponíveis no mercado.

  Embora a maioria dos trabalhos apresente a otimização do potencial elétrico de forma univariada, alguns artigos trazem esse estudo de forma multivariada por meio do emprego de planejamento de experimentos. O uso de ferramentas de otimização multivariada é muito interessante para sistemas de eletroextração pois permite o entendimento das interações entre a diferença de potencial elétrico empregada e parâmetros experimentais como: o tempo de extração, a agitação, os volumes das fases doadora e aceptora, a composição do filtro orgânico, entre outros. Eibak *et al.* (2014), por exemplo, observaram um efeito de interação entre a tensão e o tempo de extração. Isso significa que a tensão ideal varia de acordo com o tempo de extração empregado, e vice-versa (Seip *et al.*, 2015). Essa relação empírica também foi descrita por outros autores (Seidi[b] *et al.*, 2011; Tabani[a] *et al.*, 2013; Abedi e Ebrahimzadeh, 2015; Sousa *et al.*, 2020; Avelar *et al.*, 2021).

Tempo de extração

Uma das grandes vantagens da aplicação de campos elétricos como força motriz em técnicas de preparo de amostras é a redução significativa do tempo de extração (Morales-Cid *et al.*, 2010; Yamini *et al.*, 2014). Para exemplificar esse ganho, podemos comparar as técnicas de EME e de HF-LPME, ambas baseadas na migração dos analitos da amostra até a fase aceptora, passando por uma membrana líquida intermediária suportada por uma fibra oca. O campo elétrico aplicado na EME permitiu a eletromigração dos analitos e reduziu em até 17 vezes o tempo de extração em relação a HF-LPME (Campos *et al.*, 2015; Morales-Cid *et al.*, 2010, Seip *et al.*, 2015).

Nos sistemas de extração que envolvem campos elétricos, a extração dos analitos aumenta rapidamente com o passar do tempo, até alcançar um estado de equilíbrio ou estado estacionário, não havendo mudança significativa na recuperação após esse momento (Huang *et al.*, 2016b). A **Figura 2.17** apresenta de forma teórica a redução inicial da concentração do analito na fase doadora e o seu considerável aumento na membrana líquida, o qual é representado pela forte inclinação na curva de concentração da SLM. Esta etapa é denominada de **tempo de retardamento** (*lag time*), indica o tempo de residência do analito na membrana líquida e é determinante para a extração do composto desejado (Huang[a] *et al.*, 2016). Após essa etapa, o analito passa a se concentrar fortemente na fase aceptora, até que seja alcançado o equilíbrio de concentração entre todas as fases.

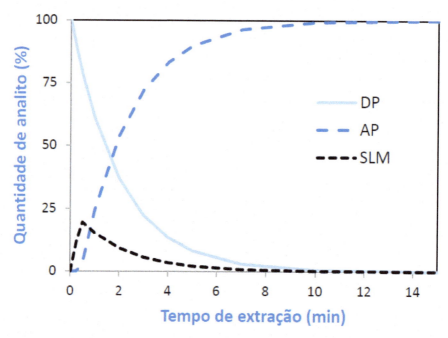

Figura 2.17. Concentração do analito em função do tempo no sistema de extração EME. DP: *donor phase*; AP: *acceptor phase*; SLM: *supported liquid membrane*.

Em certas condições, o equilíbrio se estabelece muito rapidamente como no trabalho de Kiplagath *et al.* (2011). Os autores demonstraram, para o ânion perclorato em amostras de água potável e ambientais, que, com apenas 5 minutos de extração, não houve mais ganho significativo na transferência de massas para a fase aceptora durante a EME. Embora o tempo de extração para amostras biológicas seja geralmente maior quando comparado ao de outros tipos de amostras, Jamt *et al.* (2012) obtiveram o mesmo tempo ótimo para a extração de anfetaminas em amostras de sangue e para a estabilização do sistema. No sistema de Orlando *et al.* (2019), a extração do corante violeta genciana a partir de extratos de peixe por extração multifásica assistida por campos elétricos atingiu um tempo de extração ainda menor, com recuperação máxima em apenas 3 min. No caso de amostras biológicas e de alimentos, especialmente aquelas ricas em proteínas, são comuns interação fortes dos analitos com esses constituintes, o que leva a uma dificuldade de partição e, consequentemente, a um retardamento no tempo de equilíbrio.

Após o estabelecimento do equilíbrio entre as fases, não é recomendável o prolongamento do tempo de extração, pois a exposição demasiada do sistema ao campo elétrico pode ocasionar degradação ou solubilização da membrana líquida nas demais fases. Além da alteração do pH das fases aquosas devido às reações de eletrólise, da coextração de interferentes carregados e até mesmo do início da queda da eficiência de extração (Campos *et al.*, 2015; Huang *et al.*, 2016[b]; Seip *et al.*, 2015). De fato, esse comportamento é confirmado e descrito por muitos autores (Kamyabi e Aghaei, 2016; Kamyabi e Aghaei, 2017; Chanthasakda *et al.*, 2016; Fashi *et al.*, 2017; Kamankesh *et al.*, 2020; Kamyabi *et al.*, 2016; Safari *et al.*, 2013; Tamasehbi *et al.*, 2016; Tamasehbi *et al.*, 2018; Basheer *et al.*, 2008; Tan *et al.*, 2012; Davarani *et al.*, 2012; Kamankesh *et al.*, 2019; Sedehi *et al.*, 2018; Yaripour *et al.*, 2016; Alhooshani *et al.*, 2011; Basheer *et al.*, 2010; Eskandari *et al.*, 2011; Lee *et al.*, 2009; Moazami *et al.*, 2018; Nojavan *et al.*, 2018; Payán *et al.*, 2011; Tabani *et al*, 2017). O decréscimo da eficiência de extração com o tempo pode ser atribuído à saturação da fase aceptora e ao retorno dos analitos extraídos em direção à fase doadora ou às perdas por degradação, devido à eletrólise e aquecimento.

Outro fator importante é o adensamento de espécies carregadas nas interfaces fase doadora-SLM e SLM-fase aceptora, com a formação de uma dupla camada elétrica quando uma diferença de potencial elétrico é aplicada sobre o sistema (Seip *et al.*, 2015) (**Figura 2.18**). Essa dupla camada é formada pelo alinhamento de espécies carregadas, e seus contraíons, em cada interface do sistema (*e.g.* fase doadora-filtro orgânico; filtro orgânico-fase aceptora). Esse fenômeno ocorre devido a desaceleração dos íons hidratados ao se aproximar das interfaces, e que é imposta pelo solvente orgânico hidrofóbico. A formação da dupla camada, resulta em uma barreira elétrica que dificulta a aproximação de outros íons à interface e dificulta o transporte dos analitos em direção à fase aceptora. A densidade dessa dupla camada elétrica tende a aumentar com o tempo, reduzindo, assim, a eficiência de extração (Yamini *et al.*, 2014).

Algumas estratégias têm sido utilizadas para minimizar esse efeito da dupla camada elétrica. Como exemplos, o uso do campo elétrico pulsado na modalidade PEME (Yamini *et al.*, 2014; Pedersen-Bjergaard *et al.*, 2017), além do emprego de agitação da amostra durante a extração. A agitação confere transferência de massa dos íons em solução e, por conseguinte, a diminuição da camada estagnada na interface líquido-líquido, elevando a eficiência e velocidade de extração (Campos *et al.*, 2015; Seip *et al.*, 2015).

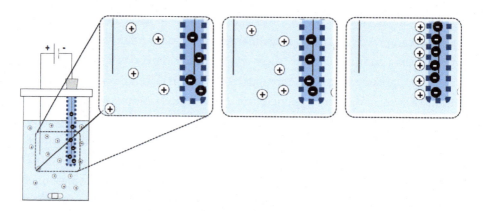

Figura 2.18. Formação da dupla camada elétrica nas interfaces da SLM em sistemas de EME.

A partir da Tabela 2.1 e da Tabela 2.2, pode-se aferir que o tempo de extração pode variar de acordo com as características da amostra, as propriedades dos analitos e com as diferentes modalidades e sistemas de extração empregados. Em EME, drogas não polares com log P > 2 têm apresentado tempos de extração com máxima recuperação entre 5 e 10 minutos (Seip *et al.*, 2015; Yamini *et al.*, 2014). Porém, é possível encontrar tempos mais elevados (~30 minutos) em alguns sistemas que envolvem maior complexidade da matriz, tais como aqueles que apresentam alta viscosidade e interação dos analitos com proteínas, por exemplo (Seip *et al.*, 2015; Huang *et al.*, 2016).

Filtro orgânico

Como já descrito pela equação 2.11, o fluxo de espécies carregadas em direção à fase aceptora depende do coeficiente de difusão do íon na membrana líquida composta predominantemente de solvente orgânico (filtro orgânico). Portanto, uma transferência de massa eficiente e seletiva dos íons de interesse necessita da otimização e da escolha criteriosa do solvente que irá compor a membrana líquida (Yamini *et al.*, 2014; Huang *et al.*, 2016). Dentre os principais critérios a serem avaliados, estão a solubilidade em água, o ponto de ebulição e pressão de vapor, a viscosidade, a condutividade elétrica, a pureza e a afinidade pelo analito. A Tabela 3 apresenta alguns dos solventes mais utilizados na extração de espécies carregadas inorgânicas e orgânicas e suas principais características.

Tabela 2.3. Propriedades físico-químicas de alguns solventes utilizados em preparo de amostras envolvendo campos elétricos e suas principais aplicações

Solvente	Fórmula	Densidade (g cm^{-3}; 20°C)[1]	log P[2]	Condutividade elétrica (S cm^{-1})[3]	Ponto de ebulição (°C)[1]	Analitos
Solventes puros						
1-heptanol	C$_7$H$_{15}$OH	0,822	2,37		175,8	Básicos, ânions e íons metálicos
1-octanol	C$_8$H$_{17}$OH	0,829	2,88	1,4 x 10^{-7}	194,7	Ácidos, básicos e íons metálicos
1-nonanol	C$_9$H$_{19}$OH	0,827	3,39		213,3	Íons metálicos
2-ETH	C$_8$H$_{17}$OH	0,834	2,82[4]		184,3	Básicos e íons metálicos
NPOE	C$_{14}$H$_{21}$NO$_3$	1,04[5]	5,35		347,1[4]	Básicos
NPPE	C$_6$H$_9$NO$_2$	1,098[5]	3,82		308,6[4]	Básicos
ENB	C$_{11}$H$_{15}$NO$_3$	1,127[5]	2,94		232,5	Básicos
Acetato de Etila	C$_4$H$_8$O$_2$	0,902	0,73[d]	1,0 x 10^{-9}	77,1	-
Tolueno	C$_7$H$_8$	0,867	2,72	8,0 x 10^{-16}	110,6	Ácidos e básicos
Aditivos						
Acetonitrila	CH$_3$CN	0,787	0,34[1]	6,0 x 10^{-10}	81,6	-
Metanol	CH$_3$OH	0,792	-0,69	1,5 x 10^{-9}	64,7	-
Isopropanol	C$_3$H$_7$OH	0,785	0,05	6,0 x 10^{-8}	82,3	-
Acetato de metila	C$_3$H$_6$O$_2$	0,927	0,18[1]		56,7	-
DEHP	C$_{16}$H$_{35}$O$_4$P	0,977	2,83		400,4[4]	-
TEHP	C$_{24}$H$_{51}$O$_4$P	0,926	9,48		446,31[4]	-

[1]https://pubchem.ncbi.nlm.nih.gov/. [2]Yamini *et al.*, 2014. [3]CRC Handbook of organic solvent properties, Ian M. Smallwood, 1996. [4]www.chemspider.com. [5]www.chemicalbook.com/. DEHP: *di-(2-ethylhexyl) phosphate*; 2-ETH: *2-ethyl-hexanol*; ENB: *1-ethyl-2-nitrobenzene*; NPOE: *2-nitrophenyl octyl ether*; NPPE: *2-nitrophenyl pentyl ether*; TEHP: *tris-(2-ethylhexyl) phosphate*.

A estabilidade e a integridade do solvente orgânico devem ser mantidas ao longo da extração, a fim de obter análises reprodutíveis. Para tanto, é necessário o uso de solventes pouco miscíveis ou imiscíveis em água (< 1 g L^{-1}) (Drouin *et al.*, 2019) e que apresentem elevado ponto de ebulição, garantindo assim, a não solubilização nas fases aquosas em contato e/ou perdas por evaporação (Yamini *et al.*, 2014; Huang *et al.*, 2016; Pedersen-Bjegaard *et al.*, 2017; Drouin *et al.*, 2019). Quando é utilizado um suporte sólido, como, por exemplo, com as fibras ocas de polipropileno na modalidade SLM, o solvente orgânico deve ainda apresentar polaridade compatível ao polímero da membrana, para permitir sua imobilização nos poros do material (Yamini *et al.*, 2014).

A viscosidade, por sua vez, pode afetar a permeabilidade ou a mobilidade eletroforética do íon pela membrana líquida, conforme mostrado pela equação 2.10. Dessa forma, solventes de baixa viscosidade e menor resistência à passagem da espécie carregada são preferíveis. Além disso, o solvente orgânico deve apresentar uma condutividade elétrica apropriada, favorecendo o transporte dos analitos carregados, mas mantendo a corrente elétrica em nível aceitável para não ocorrer sobreaquecimento (recomendável até 50 μA para *hollow-fiber electromembrane extraction*) (Pedersen-Bjegaard *et al.*, 2017; Drouin *et al.*, 2019). Uma corrente elétrica elevada pode ocasionar reações excessivas de eletrólise nos eletrodos, acarretando a formação de bolhas no sistema e a alteração do pH da amostra e da fase aceptora, conforme discutido anteriormente (Yamini *et al.*, 2014; Huang *et al.*, 2016; Pedersen-Bjegaard *et al.*, 2017; Drouin *et al.*, 2019).

A capacidade de solvatação do solvente e suas interações com os analitos afetam diretamente o coeficiente de distribuição e, por conseguinte, o sucesso da extração. Para que os analitos carregados consigam atravessar a membrana líquida, é recomendável que possuam lipofilicidade adequada para particionarem para dentro do solvente orgânico. Solventes nitro aromáticos, como o 2-nitrofenil octil éter (NPOE), o 2-nitrofenil pentil éter (NPPE) e o 1-etil-2-nitrobenzeno (ENB) são comumente empregados na extração de compostos básicos de baixa polaridade (log P > 2). Esses solventes apresentam alta polarizabilidade, elevado número de grupos receptores de H$^+$ (de 3 a 4) e ausência de grupos doadores de H, interagindo fortemente com compostos básicos protonados por interações dipolo-dipolo e interações do tipo ligação de hidrogênio. Por outro lado, os álcoois alifáticos de média a alta polarizabilidade, tais como o 1-heptanol, o 1-octanol e o 1-nonanol, têm sido aplicados na extração de compostos ácidos, peptídeos e íons metálicos. A presença mútua de grupos receptores e doadores de H^+ (com 1 para cada) nos álcoois também permite o seu emprego na extração de analitos básicos (Yamini *et al.*, 2014; Huang *et al.*, 2016). Apesar de serem relativamente baratos e de fácil obtenção, uma limitação encontrada na utilização desses solventes hidroxilados é a instabilidade da membrana formada, devido a sua relativa solubilidade quando em contato com amostras biológicas e ambientais, embora sejam insolúveis em água ultrapura (Huang *et al.*, 2016).

O solvente orgânico é a fase de maior resistência à passagem de corrente elétrica nos sistemas de eletroextração que empregam membranas, e sua natureza físico-química tem grande influência na permissividade tanto dos analitos quanto de interferentes ionizados. Uma das maneiras de se aumentar a passagem de íons pela barreira orgânica da membrana é utilizar misturas de solventes em que um deles seja um composto de característica mais polar e miscível em água (Huang *et al.*, 2016). Solventes orgânicos miscíveis em água, como o metanol e a acetonitrila, também têm sido adicionados à amostra (Raterink *et al.*, 2013; Orlando *et al.*, 2019; Sousa *et al.*, 2020). Esses solventes polares, elevam a condutividade da membrana orgânica, reduzem a da fase doadora e diminuem a tensão interfacial entre o solvente orgânico, além de aumentar o número de íons transportados através da membrana (Raterink *et al.*, 2013). Em seu trabalho de 2019, Orlando *et al.* demonstraram um aumento considerável da corrente elétrica em um sistema de extração multifásico quando havia variação da concentração de metanol entre 0 e 10% na fase orgânica que continha 1-octanol. Desse modo, os autores confirmaram que a adição de um solvente miscível em água pode facilitar o transporte de carga elétrica e a solvatação das espécies carregadas.

Ainda em relação ao fluxo de íons através da membrana, alguns trabalhos têm demonstrado que solventes orgânicos puros são pouco eficientes na extração de compostos polares ($\log P < 2$). Então, para facilitar o transporte desses analitos pela membrana, agentes iônicos pareadores (ou carreadores iônicos) podem ser adicionados para formar uma mistura mais permissiva. Os compostos di-(2-etil-hexil) fosfato (DEHP) e o tris-(2-etil-hexil) fosfato (TEHP) são os agentes iônicos pareadores mais utilizados para essa finalidade. O DEHP age formando complexos com espécies positivamente carregadas por interações iônicas, enquanto o TEHP forma complexos por interações do tipo ligação de hidrogênio (Huang *et al.*, 2016). O uso desses aditivos pode levar ao aumento excessivo da corrente elétrica do sistema e, por isso, eles devem ser empregados de forma criteriosa (Yamini *et al.*, 2014; Huang *et al.*, 2016; Pedersen-Bjegaard *et al.*, 2017; Drouin *et al.*, 2019). Um estudo sobre a influência do solvente orgânico na extração trifásica de acilcarnitinas em plasma realizado por Raterink *et al.* em 2013 avaliou acetato de etila com diferentes aditivos (acetato de metila, 1% e 5% de DEHP) na formação do filtro orgânico. Os autores constataram que extrações seletivas de acilcartininas de menor polaridade são obtidas quando o acetato de etila ou uma mistura acetato de etila:acetato de metila (3:2, v/v) são empregados, enquanto as acilcartininas de maior polaridade são mais eficientemente extraídas com a adição de DEHP.

Outra estratégia que tem sido adotada para se obter maior seletividade e eficiência de extração é a utilização de géis, líquidos iônicos e nanopartículas, além de solventes orgânicos convencionais (Huang[b] *et al.*, 2016). Pourahadi *et al.*, (2020) e Rahimi *et al.*, (2020) empregaram gel de agarose para a extração de peptídeos e drogas básicas polares, respectivamente, em amostras de fluidos biológicos, enquanto Asadi *et al.* (2018) empregaram gel de poliacrilamida para a extração de drogas básicas com diferentes polaridades (1,3 < log P < 2,84) a partir de amostras de leite materno e águas residuais. Ambos obtiveram valores de recuperação semelhantes ou maiores quando comparados a EME convencional, sem o uso de agentes iônicos pareadores. Líquidos iônicos, associados ou não a solventes orgânicos, já foram empregados para extração de substâncias ácidas e básicas em condições de menor potencial elétrico aplicado (1,5 – 7,5 V) (Huang *et al.*, 2016). No trabalho de Sun *et al.* de 2014, empregou-se o líquido iônico [C_6MIm][PF_6] como membrana líquida no sistema EME, com aplicação de apenas 1,5 V durante 10 minutos para a extração de estricnina e brucina a partir de amostras de urina humana. Os resultados de recuperação entre 95,68 e 101,1 % e fatores de enriquecimento entre 114 e 122 foram similares aqueles obtidos com o uso do solvente ENB.

pH das fases doadora e aceptora

Outro parâmetro amplamente avaliado com os objetivos de aumentar a eficiência de extração e manter a estabilidade dos sistemas nas técnicas de eletroextração é o pH das fases doadora e aceptora. O ajuste do pH das fases é fundamental para que haja uma fração correta da forma ionizada dos analitos na amostra, tornando possível, assim, a migração eletroforética. Para analitos considerados eletrólitos fracos (monobásicos ou monopróticos), como nos exemplos do ácido fraco HA (**equação 2.14**) e da base fraca B (**equação 2.15**), as concentrações relativas no equilíbrio entre uma espécie ionizada e todas as demais espécies químicas derivadas em solução, chamadas de coeficientes α_{A^-} e α_{BH^+}, variam com o deslocamento do equilíbrio ácido/base, que é função do pH do meio (**equações 2.16 e 2.17**). Quando o pH da solução apresenta um valor igual ao pK_a do ácido fraco, por exemplo, espera-se que pelo menos 50% desse composto esteja na forma ionizada (α_{A^-} = 0,5). Ao ajustar o pH da solução para duas unidades acima do valor do pK_a, esse valor sobe para valores acima de 99% (**Figura 2.19**). Um efeito análogo é observado para as bases fracas (**equação 2.17**).

$$HA + H_2O \rightleftharpoons H_3O^+ + A^- \qquad (2.14)$$

$$B + H_2O \rightleftharpoons BH^+ + OH^- \qquad (2.15)$$

$$\alpha_{A^-} = \frac{K_a}{[H_3O^+] + K_a} \qquad (2.16)$$

$$\alpha_{BH^+} = \frac{K_b}{[OH^-] + K_b} \qquad (2.17)$$

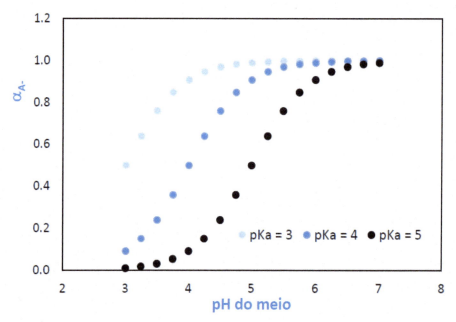

Figura 2.19. Efeito do pH do meio sobre o grau de dissociação, α_{A^-}, de ácidos fracos com três diferentes pK_as hipotéticos.

Na fase aceptora, busca-se principalmente manter o analito ionizado para que ocorra o retorno para a fase doadora. Recomenda-se um intervalo de 3 a 4 unidades de diferença em relação ao pK_a dos analitos (Eskandari *et al.*, 2011; Restan *et al.*, 2017). Embora um gradiente de pH entre as fases doadora e aceptora possa favorecer a extração (Yamini *et al.*, 2014; Gjelstad *et al.*, 2007), muitos trabalhos têm reportado extrações suficientes com o mesmo pH em ambas as fases (Rahmani *et al.*, 2016; Davarani *et al.*, 2016; Alhooshani *et al.*, 2011; Nojavan *et al.*, 2018). Além disso, quando os analitos estão suficientemente ionizados é reconhecido que as otimizações de pH da fase aceptora são mais significativas para a eficiência de extração do que variações no pH da fase doadora (Yamini *et al.*, 2014).

Em soluções, o movimento de espécies carregadas induzido pelo campo elétrico aplicado é responsável pela corrente elétrica que atravessa o sistema. É recomendável que se utilizem correntes de baixa magnitude (até 50 µA) e estáveis ao longo do tempo de extração para a modalidade EME. O ajuste do pH modifica a concentração de eletrólitos, e isso pode afetar a condutividade elétrica das fases doadora e aceptora, bem como o perfil de corrente elétrica ao longo da extração, causando diminuição da eficiência de extração e/ou degradação dos analitos, do solvente e de concomitantes (Davarani *et al.*, 2012; Nilash *et al.*, 2019). Correntes elétricas elevadas intensificam a eletrólise da água na superfície dos eletrodos (conforme apresentado na equação 2.6 e equação 2.7) e, com isso, surge a possibilidade de mudança do pH do meio, formação e acúmulo de bolhas de gás e aquecimento por efeito Joule. Como exemplo disso, Rahmani *et al.* (2016) otimizaram o pH das fases (pH 2 – 7) na extração de analitos básicos por EME monitorando simultaneamente a eficiência de extração e o perfil de corrente elétrica. Os autores obtiveram máxima extração quando os valores de pH das fases doadora e aceptora foram iguais a 5 e 2, respectivamente, e que resultaram em uma corrente elétrica de menor magnitude e de maior estabilidade ao longo do tempo de extração.

Outros parâmetros de otimização, como potencial elétrico e temperatura também podem causar perturbações nos sistemas de eletroextração, especialmente pelo aumento da corrente elétrica, e, com isso, é natural que haja interações entre esses parâmetros e o pH do meio. De fato, estudos multivariados que empregaram planejamento experimental e/ou metodologia de superfície de resposta têm indicado efeito de interação entre o pH das fases aceptora e doadora com o potencial elétrico aplicado e o tempo de extração. Frequentemente, é observado um efeito negativo à medida em que há aumento do potencial elétrico e/ou do tempo de aplicação associados a concentrações mais elevadas de eletrólitos nas fases em decorrência de ajustes do pH (Tabani[b] *et al.*, 2013; Rezazadeh *et al.*, 2012).

Por esses motivos, o ajuste do pH e a concentração de eletrólitos nas fases aquosas são fatores que conferem maior eficiência e estabilidade aos sistemas de eletroextração. Os resultados da literatura indicam que tampões com elevadas concentrações de ácidos e bases fracas nas fases aquosas apresentam, geralmente, melhor desempenho quando comparado aos ácidos ou bases fortes como HCl ou NaOH, o que pode ser atribuído à capacidade tamponante dos primeiros, capaz de evitar grandes alterações de pH das fases, mesmo em condições de eletrólise (Pedersen-Bjergaard *et al.*, 2017; Huang *et al.*, 2017; Kubáň e Boček, 2015). Com relação ao tipo de eletrólito, em alguns trabalhos como o descrito por Restan *et al.* de 2017, não foram observadas diferenças significativas no uso de tampões de fosfato, acetato e formiato nas concentrações de 10 a 50 mmol L^{-1} para eletroextração de analitos básicos em amostras de água. Os autores obtiveram maiores recuperações (66 – 97%) em valores de pH mais baixos (2 – 4,8) independentemente do tipo e da concentração do tampão, além de valores baixos e estáveis de corrente elétrica para todas as condições testadas.

Adição de sal

Algumas amostras podem conter quantidades significativas de sais, como é o caso de fluidos biológicos, amostras aquosas ambientais e alimentos. De acordo com a concentração nas amostras, esses compostos podem influenciar negativamente a extração dos analitos e, por consequência, as medidas obtidas pela instrumentação analítica. Em outros casos, a adição de sal pode ser realizada com o objetivo de aumentar a recuperação das substâncias de interesse. Portanto, a quantidade de sal presente na fase doadora é um parâmetro importante para a otimização de sistemas de eletroextração.

A concentração desses compostos na amostra está relacionada a outros dois parâmetros muito importantes para a eficiência da extração, que são a **força iônica** e o **balanço iônico**. A força iônica (μ) do meio pode ser definida como a concentração total de íons em uma solução e pode ser expressa pela **equação 2.18**:

$$\mu = \frac{1}{2}\sum_i c_i z_i^2 \qquad (2.18)$$

Na qual c_i é a concentração do i-ésimo íon em uma solução e z_i sua carga (Harris, 2017). Já o balanço iônico (χ), **equação 2.13**, representa a razão da concentração total dos íons na fase doadora pela concentração total de íons na fase aceptora.

Quando corretamente ajustada, a concentração de sal na amostra promove o efeito *salting-out*, no qual a solubilidade da maioria dos analitos em água diminui devido ao aumento da força iônica do meio. Em soluções, a água é capaz de solvatar tanto o analito ionizado quanto os outros íons presentes no meio. Com o aumento da força iônica, a água perde parcialmente sua capacidade de estabilizar as cargas de alguns íons (cátions e ânions) e, com isso, há uma diminuição da solubilidade do analito iônico no meio aquoso. Como efeito resultante, o composto de interesse fica mais disponível para interagir com o solvente do filtro orgânico, proporcionando um aumento da eficiência de extração.

Porém, ao adicionar quantidades excessivas de sal na fase doadora, aumenta-se, de forma direta, a força iônica, tendo em vista que a concentração de íons na amostra é acrescida significativamente. Como consequência disso, ocorre uma competição entre o analito e o íon derivado do sal, que leva a um menor fluxo de migração do composto de interesse, como demonstrado na equação 2.11. Ademais, com a adição excessiva do sal, aumenta-se a viscosidade da solução doadora e, consequentemente, diminui-se a velocidade de migração do analito, o que resulta em uma queda na eficiência de extração (Alhooshani *et al.*, 2011); Fotouhi *et al.*, 2011).

No trabalho desenvolvido por Alhooshani *et al.* (2011), foi estudado o efeito da concentração de cloreto de sódio (NaCl) na fase doadora sobre a eficiência de extração de ácidos haloacéticos em amostras de águas residuais. Ao variar a concentração desse sal entre 0 e 5% (m/v), os autores observaram um aumento na eficiência de extração devido ao efeito *salting-out*. Já em concentrações superiores de NaCl (10 e 15%, m/v) verificou-se uma diminuição da eficiência de extração devido, provavelmente, aos já mencionados efeitos sobre a viscosidade e a força iônica da solução. Outro trabalho no qual a presença de sal influenciou negativamente a extração dos analitos foi o de Davarani *et al.* em 2013 que apresentou a eletroextração de urânio (VI) em amostras aquosas. Observou-se que teores de sal maiores que 2% m/v tornaram o sistema de EME instável, o que afetou a repetibilidade do método. Desse modo, os autores concluíram que amostras com elevados teores de sal demandam uma diluição prévia antes de serem submetidas ao processo de EME.

Em um trabalho desenvolvido por Seip *et al.* (2014), o efeito da adição de sal foi bem descrito e investigado na determinação de 17 drogas apolares básicas, eletroextraídas empregando um modelo baseado na formação de um par iônico entre o analito e o íon proveniente do sal. A comparação entre as extrações realizadas com e sem a adição de sal (2,5% (m/v) de NaCl) mostrou que, para nove analitos, as recuperações obtidas foram independentes da adição de sal. Para os demais analitos, a maioria pertencentes à classe de antidepressivos tricíclicos, a adição de sal levou a uma redução considerável da eficiência de extração. Os autores propuseram, como uma possível explicação para esse resultado, a formação de um par iônico entre alguns analitos e o íon cloreto. Essa espécie formada, por ser neutra, ficaria presa na SLM, não atingiria a fase aceptora e prejudicaria a extração. Para testar essa hipótese da formação do par iônico, os autores realizaram experimentos com diferentes solventes orgânicos na SLM e, em outro momento, com a substituição de NaCl por K_2SO_4. A influência da adição de sal na recuperação dos analitos mostrou-se dependente do tipo de solvente orgânico usado na SLM, o que estaria de acordo com a hipótese proposta, uma vez que, nestas condições, o par iônico interage com o solvente orgânico de forma adequada. Quando comparadas as extrações com e sem a adição de K_2SO_4 (em substituição ao NaCl), as recuperações apresentaram valores relativamente semelhantes. Como os complexos formados entre um analito de carga +1 e o íon sulfato (SO_4^{2-}) possuem uma carga resultante -1, eles são capazes de migrar em direção à fase doadora, conforme o sentido do campo elétrico aplicado, em vez de serem aprisionados na SLM, ao passo que um complexo analito-cloreto seria uma espécie neutra, que, sem sofrer a ação do campo elétrico, permanece aprisionado. Assim, os autores concluíram que a formação e o aprisionamento do par iônico na SLM também são dependentes do contraíon do sal empregado.

A presença de sal pode ser uma característica intrínseca da amostra, como no caso de amostras biológicas e ambientais. Portanto, o pesquisador deve-se atentar para a magnitude do potencial elétrico aplicado, tendo em vista que, a corrente elétrica resultante no sistema pode sofrer um aumento exagerado e, consequentemente, promover um nível de eletrólise prejudicial para o meio. Uma demonstração prática da relação entre o potencial elétrico aplicado e a carga salina na amostra é quando comparamos o trabalho de Koruni *et al.* (2014) com o artigo de Sousa *et al.* (2019). No primeiro, a cocaína, dentre outros analitos, foi extraída em amostras de urina, enquanto, no segundo, esse mesmo analito foi extraído em amostras de saliva. Sabe-se que a urina possui, em sua composição, diferentes sais de fosfatos, cloretos e sulfatos em concentrações consideráveis. Desta forma, no trabalho de Koruni *et al.* (2014), mesmo utilizando-se uma SLM mais hidrofóbica, o potencial elétrico aplicado para extrair os analitos foi significativamente menor (50 V) do que o aplicado (300 V) no trabalho de Sousa *et al.* (2019).

Agitação

Nos processos de transferência de matéria de uma fase para outra, é importante manter a interface entre as fases provida de analitos, para que eles possam se deslocar da fase doadora para a fase extratora (filtro orgânico e fase aceptora). Essa realidade é particularmente importante nos processos governados exclusivamente por partição ou adsorção. Em sistemas regidos por campos elétricos, o próprio campo elétrico atua como uma força motriz que desloca o analito para a interface amostra-fase extratora. Apesar disso, esses sistemas também ficam prejudicados quando a velocidade para se atingir o equilíbrio e homogeneidade de concentração na interface é baixa. À medida que o analito é transferido da amostra para a fase extratora a interface entre as fases fica defasada em analito. Quando o equilíbrio da concentração na interface é restabelecido apenas por processos de difusão a taxa de transferência de massa se torna lenta e começa a limitar o processo de extração. Para acelerar a transferência de massa é comum o uso de estratégias de transferência de massa forçada por agitação, ondas de ultrassom ou aquecimento.

Em eletroextração, a agitação da fase doadora também é importante para diminuir a dupla camada elétrica que se forma nas proximidades do filtro orgânico (Gjelstad *et al.*, 2007). Dessa forma, a taxa de transferência de massa dos analitos aumenta e o tempo de equilíbrio termodinâmico consequentemente é reduzido (Asadi *et al.*, 2016). A agitação tem uma influência ainda maior em sistemas de grande volume de amostra, nos quais os analitos estão menos sujeitos à força do campo elétrico (Gjestald *et al.*, 2007). De modo geral, há uma tendência de aumento da velocidade de transferência e até do percentual de extração dos analitos com o aumento da taxa de agitação (aumento das rotações por minuto, rpm). Porém, para taxas de agitação muito elevadas, um vórtex pode ser formado no sistema que, por sua vez, irá gerar bolhas na fase doadora, podendo, até mesmo, desestabilizar o filtro orgânico (Balchen *et al.*, 2007; MohammadkhanI *et al.*, 2016; Rahimi, Nojavan e Tabani, 2020; Seidi *et al.*, 2012; Xu, Hauser e Lee, 2008; Šlampová e Kubáň, 2020; Xu, Hauser e Lee, 2008). No entanto, não há um valor ótimo para a taxa de agitação, que varia de sistema para sistema, como pode ser observado na **Figura 2.20**.

O modo de agitação mais empregado nas técnicas de eletroextração é com barras magnéticas, embora a agitação orbital (*shaker*) seja também utilizada. Esses dois métodos foram comparados por Nojavan *et al.* (2016) em um experimento no qual observaram que para volumes pequenos de amostra (2 mL) não houve diferença entre os dois modos, mas, para volumes maiores (9 mL), a agitação orbital foi mais eficiente. Além disso, o procedimento que foi assistido por agitação orbital permitiu um percentual de extração mais alto com redução de até 40% no tempo de extração, quando comparado à extração assistida pela agitação magnética.

O modo mais comum de agitação é através da movimentação forçada da amostra, porém, Asadi *et al.*, em 2016, avaliaram o uso da agitação também na fase aceptora, utilizando um eletrodo rotativo. A agitação em ambas as fases melhorou a transferência de massa dos analitos, sobretudo para tempos de extração a partir de 5 minutos, em comparação com o sistema onde a agitação foi empregada somente na fase doadora. A explicação proposta pelos autores para os resultados observados foi de que a agitação retardou a formação da dupla camada elétrica na interface SLM-fase aceptora, melhorando a transferência de massa e, por conseguinte, a eficiência de extração.

Embora a agitação tenha um papel importante na transferência de massa dos analitos, há sistemas de eletroextração que funcionam bem em sua ausência. Este é o caso dos sistemas de microeletroextração em membrana (Kubáň e Boček, 2014) e de eletroextração multifásica (Orlando *et al.*, 2019).

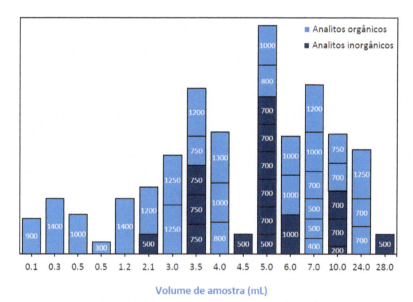

Figura 2.20. Valores de agitação e de volume de amostra empregados em trabalhos de eletroextração. Cada retângulo representa um único trabalho de um total de 44 artigos selecionados das Tabelas 2.1 e 2.2.

2.5 Eletroextração Hifenada com Outras Técnicas de Preparo de Amostras

A eletroextração empregada como única técnica de preparo de amostras demonstrou ser suficientemente seletiva, eficiente e capaz de gerar fatores de pré-concentração adequados na ampla maioria dos trabalhos publicados. Contudo, vantagens adicionais podem ser obtidas quando a eletroextração é associada a outras técnicas, nas chamadas **técnicas de preparo de amostras hifenadas** ou *in tandem*. Esse acoplamento de diferentes técnicas pode se dar de forma sequencial ou simultânea e visa aumentar as possibilidades de otimização dos parâmetros, o que permite o desenvolvimento de sistemas mais eficientes e mais seletivos.

Um importante desenvolvimento nessa área foi o trabalho de Nojavan *et al.*, apresentado em 2018, no qual a EME foi hifenada de forma sequencial com a técnica de microextração líquido-líquido assistida por campo elétrico (*electric-assisted liquid-liquid microextraction*, **EA-LLME**). Para tanto, a fase aceptora da etapa de EME foi coletada e usada como fase doadora no procedimento de EA-LLME. Essa metodologia foi utilizada para quantificação de dois antidepressivos (clomipramina e imipramina) em amostras de urina e águas residuais. Como vantagens que se destacaram neste trabalho, os autores relatam o impressionante fator de enriquecimento de até 770 vezes, além dos baixos limites de detecção, velocidade do preparo e simplicidade do sistema.

A hifenização das técnicas pode também ser realizada em um único dispositivo (**hifenação** *on-line*) ou sem a necessidade de se realizar uma etapa manual (**hifenação** *off-line*) entre os dois procedimentos. Um acoplamento direto e simultâneo de hifenização *on-line* foi desenvolvido por Karami e Yamini (2020), no qual um dispositivo em formato de disco foi capaz de realizar sequencialmente os procedimentos de EME e microextração líquido-líquido dispersiva (**EME-DLLME**). No disco de extração desenvolvido, a fase aceptora do processo de EME pôde ser transferida diretamente para o compartimento da DLLME por meio da força centrífuga ajustada pela velocidade de rotação do dispositivo. A aplicabilidade do disco foi demonstrada com a extração de imipramina e amitriptilina em diferentes amostras biológicas. A estratégia desenvolvida pelos autores permitiu, além de realizar até seis extrações paralelas, controlar melhor as diferentes etapas e reduzir a necessidade de intervenções do analista durante todo o preparo da amostra.

Em outro exemplo de hifenização, Payán *et al.* (2018) combinaram a EME com a microextração em fase líquida (*LPME*), por meio da construção de um *microchip*. As etapas de EME e LPME foram realizadas de forma simultânea, com a mesma fase aceptora utilizada em ambos os procedimentos, fluindo em um microcanal comum aos dois compartimentos. Esse dispositivo foi empregado na quantificação de fluoroquinolonas e parabenos em amostras de urina. O arranjo de quatro canais do *microchip* conferiu grande versatilidade de preparo pois permitiu três combinações sequenciais diferentes de preparo de amostras: EME-LPME, EME-EME, LPME-EME e LPME-LPME. Além disso, o dispositivo produziu extrações efetivas muito rápidas (8 min), empregou reduzidos volumes de amostras (< 40 mL) e era reutilizável.

2.6 Eletroextração Hifenada com Técnicas Analíticas Instrumentais

As modalidades e dispositivos de eletroextração se diversificaram ao longo dos anos, com resultados ainda mais interessantes quando foram aplicadas em métodos de análise que utilizaram técnicas de separação cromatográficas ou eletroforéticas. Contudo, em alguns casos, pode-se obter vantagens importantes como a redução de custo, de tempo e de etapas quando um extrato eletroextraído é analisado diretamente por uma técnica espectroscópica ou espectrométrica. Para que seja possível a hifenização do preparo de amostra com a técnica de análise, é preciso que o extrato obtido esteja suficientemente livre de interferentes e que o analito tenha sido adequadamente pré-concentrado. Além disso, um dispositivo de interfaceamento que comute a etapa do preparo com a etapa de análise é necessário para permitir a leitura direta sobre o extrato ou a sua transferência para o sistema de detecção. Esse tipo de hifenização pode oferecer vantagens significativas, como maior facilidade de automação, redução de fontes de erros e perdas de analito, segurança operacional, maior frequência analítica, entre outros.

Um exemplo dessa comutação é a sonda apresentada por Fuchs *et al.*, em 2015, desenvolvida para acoplamento direto da técnica de EME, com um espectrômetro de massas trabalhando no modo de ionização por eletrospray (*electrospray ionization mass spectrometry*, ESI-MS). O dispositivo foi utilizado para a análise em tempo real da cinética metabólica das drogas amitriptilina, prometazina e metadona.

Um outro trabalho com a abordagem de hifenização da eletroextração com a espectrometria de massas foi o sistema automatizado desenvolvido por See e Hauser (2014). Os autores tinham como objetivo realizar o acoplamento direto entre a EME e o equipamento de LC-MS. Com essa estratégia foram determinados quatro herbicidas ácidos em água de rio. Como vantagens dessa abordagem os autores relataram a pouca manipulação da amostra, os valores de LQ reduzidos e a ausência de solventes orgânicos para o preparo das amostras.

Sob outra perspectiva, Oedit *et al.* em 2020 descreveram o acoplamento direto da técnica de eletroextração trifásica com a eletroforese capilar (3-phase EE-CE-UV). Para tanto, a fase aceptora aquosa foi empregada como uma gota pendente localizada no tubo de entrada do equipamento de eletroforese capilar e foi separada da fase doadora por meio de um filtro orgânico. O bom desempenho da técnica 3-phase EE-CE-UV para bioanálise foi comprovado pelo sucesso na extração e quantificação das aminas biogênicas serotonina, tirosina e triptofano em amostras de urina.

Alguns trabalhos interessantes de hifenização de eletroextração foram apresentados por pesquisadores brasileiros. Um deles foi a eletroextração em cone de papel e determinação por imagem (Orlando *et al.*, 2019). Ao utilizar cones de papel odontológico para as extrações e um escâner de mesa para a determinação, os autores conseguiram quantificar o antimicrobiano violeta genciana em concentrações de até 1 ng mL^{-1} de extrato de peixe. Nesse trabalho os autores obtiveram a imagem do próprio cone odontológico o que tornou o procedimento ainda mais simples e rápido. A outra técnica empregada foi a eletroextração em papel triangular, seguida de determinação pela técnica de *paper spray mass spectrometry* (Avelar *et al.*, 2021; Amador *et al.*, 2021). Para essa segunda abordagem, os autores empregaram papeis cromatográficos adaptados para realizar a eletroextração e, em seguida, a análise no espectrômetro de massas (Figura 2.21).

Com esta abordagem, Avelar quantificou cinco antidepressivos tricíclicos em saliva, enquanto Amador determinou cocaína e lidocaína em saliva, além do corante verde malaquita em água de torneira e o contaminante bisfenol A em vinho tinto. Os autores relataram vantagens como a extração rápida e simultânea de várias amostras, pré-concentração efetiva, *clean-up* de interferentes e baixo efeito de matriz.

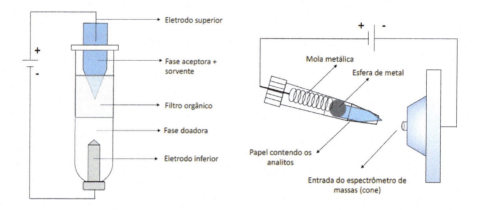

Figura 2.21. Hifenização da eletroextração multifásica (a), sequencial com a análise por *paper spray mass spectrometry* (b) (Avelar *et al.*, 2021 e Amador *et al.*, 2021).

2.7 Vantagens, Desvantagens, Limitações e Perspectivas

Neste capítulo, vimos a grande diversidade de dispositivos de eletroextração e suas aplicações para analitos catiônicos e aniônicos, macromoléculas, compostos orgânicos e inorgânicos presentes nos mais diferentes tipos de matrizes. A variedade de ferramentas e demonstrações comprova que o uso de campos elétricos em preparo de amostras é uma abordagem promissora e com grande potencial em muitas áreas da ciência e das análises químicas. Também ficaram evidentes múltiplas vantagens associadas a essa estratégia, dentre as quais podemos destacar:

- Aumento da taxa de transferência de massa entre fases promovida pela velocidade eletroforética dos analitos, com considerável diminuição do tempo de extração;
- Seletividade, *clean-up* e diminuição do efeito de matriz favorecidos pela manipulação da direção e intensidade do campo elétrico, sendo possível a extração de analitos de diferentes classes e, até mesmo, com

cargas elétricas variadas, como nos exemplos da extração simultânea de analitos aniônicos e catiônicos;
- Baixo consumo de amostras e solventes orgânicos, o que torna a técnica adequada aos princípios da química verde e miniaturização;
- Capacidade de pré-concentração, já que o volume da fase aceptora (em geral, na ordem de nanolitros ou microlitros) é geralmente muito menor do que o volume da amostra;
- Compatibilidade direta da fase aceptora com diferentes técnicas analíticas, como a cromatografia líquida de alta eficiência, a espectrometria de massas e a eletroforese capilar, sem a necessidade de etapas adicionais;
- Possibilidade de automatização dos sistemas de eletroextração e construção de dispositivos de extração em batelada (extração paralela), o que resulta em menores erros experimentais e em elevada frequência analítica;
- Possibilidade de hifenização com outras técnicas de preparo de amostra ou com os sistemas de separação e detecção.

Entretanto, a eletroextração, para ser empregada de forma mais efetiva, requer um conhecimento mais aprimorado dos fenômenos eletroforéticos, de partição e/ou adsorção envolvidos. Apesar de alguns estudos teóricos e modelagens matemáticas já terem sido propostos, uma otimização mais extensiva dos principais parâmetros de extração (tempo, solvente, volume e pH das fases, concentração de eletrólitos, dentre outros) ainda é necessária. Alguns efeitos indesejados como aquecimento do sistema por efeito Joule, formação de bolhas e reações de eletrólise, comuns aos processos eletroforéticos, devem ser cuidadosamente observados durante a otimização. Esses efeitos podem ocasionar problemas de estabilidade da SLM, alteração do pH das fases aquosas e perda de eficiência do processo de extração. Nesse sentido, o desenvolvimento de membranas mais resistentes para uso na SLM tem ajudado a contornar os problemas de estabilidade da fase intermediária em EME. Embora pouco discutida, a degradação do analito também pode ser ocasionada pela voltagem elevada e corrente elétrica excessiva no sistema, o que é um desafio para os usuários da técnica.

O fato de a eletroextração ter aplicação muito limitada para a extração de analitos eletricamente neutros se torna uma grande vantagem quando os interferentes são justamente essas espécies neutras. Portanto, uma boa parcela da seletividade da técnica e do *clean-up* da amostra pode ser atribuído a essa característica particular dos processos baseados em eletromigração.

Apesar de haver trabalhos com mais de uma dúzia de versões, novos e ainda melhores dispositivos e modalidades de eletroextração continuarão a ser desenvolvidos e aprimorados nos próximos anos. Esse desenvolvimento deverá concentrar o seu foco nos princípios da química verde, na automação, na miniaturização e na hifenização com outras técnicas de preparo além de instrumentos de análise. Esses desenvolvimentos irão garantir a robustez, a versatilidade e o desempenho da técnica a partir do emprego de itens reutilizáveis, baratos e com o mínimo uso de solventes orgânicos. Eles também serão responsáveis pela diminuição ou até mesmo a extinção das etapas manuais, o que irá tornar a etapa de preparo de amostra menos estressante, mais rápida, limpa e segura. Por último, mas não menos importante, espera-se que, nos próximos anos, com a criação de dispositivos comerciais, o emprego das técnicas de eletroextração ultrapasse os propósitos acadêmicos, e elas passem a fazer parte da rotina de laboratórios analíticos nos mais diferentes seguimentos.

Glossário

2-ETH: *2-ethyl hexanol*; 2-etil hexanol.

3-phase EE: *three-phase electroextraction*; eletroextração trifásica.

ABS-EE: *aqueous biphasic system electroextraction*; eletroextração em sistema aquoso bifásico.

AP: *acceptor phase*; fase aceptora.

ASV: *anodic stripping voltammetry*; voltametria de redissolução anódica.

C4D: *capacitively coupled contactless conductivity detector*; detector condutométrico sem contato capacitivamente acoplado.

CAR/PDMS: *carboxen/polydimethylsiloxane*; carboxeno/polidimetilsiloxano.

CD-IMS: *corona discharge ionization ion mobillity*; espectrometria de mobilidade iônica com descarga corona.

CE: *capillary electrophoresis*; eletroforese capilar.

Continuous flow μ-EE: *continuous flow micro-electroextraction*; micro eletroextração contínua.

CZE: *capillary zone electrophoresis*; eletroforese capilar de zona.

DAD: *diode array detector*; detector de arranjo de diodos.

DEHP: *di-(2-ethylhexyl) phosphate*; di-(2-etil-hexil) fosfato.

DEME: *dynamic electromembrane extraction*; eletroextração dinâmica em membrana.

DIA: *digital image analysis*; análise por imagens digitais.

DLLME: *dispersive liquid-liquid microextraction*; microextração líquido-líquido dispersiva.

DP: *donor phase*; fase doadora.

DPV: *differential pulse voltammetry*; voltametria diferencial pulsada.

DS-EME: *double surfactants-assisted electromembrane extraction*, eletroextração em membrana assistida por duplo surfactante.

E-MSPD: *electrical field assisted matrix solid phase dispersion*; dispersão da matriz em fase sólida assistida por campos elétricos.

E-SPE: *electric field-assisted solid phase extraction*; extração em fase sólida assistida por campos elétricos.

EA-LLME: *electric-assisted liquid-liquid microextraction*; microextração líquido-líquido assistida por campos elétricos.

ED: *electrodialysis*; eletrodiálise.

EE-SPME: *electroenhanced solid-phase microextraction*; microextração em fase sólida melhorada por campos elétricos.

EE: *electroextraction*; eletroextração.

EKE: *electrokinetic extraction*; extração eletrocinética.

EME-DLLME: *electromembrane extraction-dispersive liquid-liquid microextraction*; eletroextração em membrana seguida da microextração líquido-líquido dispersiva.

EME-MS: *electromembrane extraction coupled to mass spectrometry*; eletroextração em membrana acoplada ao espectrômetro de massas.

EME-RHE: *electromembrane extraction with round-headed platinum wire*; eletroextração em membrana com eletrodo de platina de cabeça arredondada.

EME: *electromembrane extraction*; eletroextração em membrana.

ENB: *1-ethyl-2-nitrobenzene*; 1-etil-2-nitrobenzeno.

ESI-MS: *electrospray ionization mass spectrometry*; espectrometria de massas com ionização por eletrospray.

ETAAS: *electrothermal atomic absorption spectrometry*; espectrometria de absorção atômica com atomização eletrotérmica.

EtOAc: *ethyl acetate*; acetato de etila.

FAAS: *flame atomic absorption spectroscopy*; espectroscopia de absorção atômica com chama.

FFTSWV: *fast Fourier transform square wave voltammetry*; voltametria de onda quadrada com transformada de Fourier rápida.

FID: *flame ionization detector*; detector por ionização de chama.

FLD: *fluorescence detector*; detector de fluorescência.

FLM: *free liquid membrane*; membrana líquida livre.

FM-EME: *flat membrane-based electroextraction*; eletroextração em membrana plana.

GC: *gas chromatography*; cromatografia gasosa.

GFAAS: *graphite furnace atomic absorption spectrometry*; espectrometria de absorção atômica em forno de grafite.

HF-LPME: *hollow-fiber liquid-phase microextraction*; microextração em fase líquida com fibra oca.

HPIM: *hollow polymer inclusion membrane*; membrana oca de inclusão polimérica.

HPLC: *high-performance liquid chromatography*; cromatografia líquida de alta eficiência.

IC: *ion chromatograhy*; cromatografia iônica.

IEME: *in-tube electromembrane extraction*; eletroextração em membrana em um sistema tubular.

IG-EME: *inside gel electromembrane extraction*.

IL-EME: *ionic liquid-based electromembrane extraction*; eletroextração em membrana baseada em líquidos iônicos.

LD: *limit of detection*; limite de detecção.

LLE: *líquid-liquid extraction*; extração líquido-líquido.

LLEE: *liquid-liquid electroextraction*; eletroextração líquido-líquido.
LLME: *liquid-liquid microextraction*; microextração líquido-líquido.

LPME: *liquid phase microextraction*; microextração em fase líquida.

LQ: *limit of quantification*; limite de quantificação.

LV-MPEE: *large-volume multiphase electroextraction*; eletroextração multifásica para grandes volumes.

MPEE: *multiphase extraction assisted by electric fields*; eletroextração multifásica.

MS: *mass spectrometry*; espectrometria de massas.

MS/MS: *tandem mass spectrometry*; espectrometria de massas sequencial.

Nano-EME: *nano-electromembrane extraction*; nanoeletroextração em membrana.

NPOE: *2-nitrophenyl octyl ether*; 2-nitrofenil octil éter.

NPPE: *2-nitrophenyl pentyl ether*; 2-nitrofenill pentil éter.

On-chip EME: *lab-on-a-chip electromembrane extraction*; eletroextração em membrana em sistema de microchip.

On-disc EME: *lab-on-a-disc electromembrane extraction*; eletroextração em membrana em sistema de minidisco.

Pa-EME: *parallel electromembrane extraction*; eletroextração em membrana em paralelo.

PEME: *pulsed electromembrane extraction*; eletroextração em membrana com campo pulsado.

PS-MS: *paper spray mass spectrometry*.

Salting-out: De acordo com a definição da IUPAC, refere-se à adição de certos sais a uma fase aquosa para aumentar a distribuição entre fases de um soluto específico.

Simultaneous EME: *simultaneous electromembrane extraction*; eletroextração em membrana simultânea.

SLM: *supported liquid membrane*; membrana líquida suportada.

SPE: *solid-phase extraction*; extração em fase sólida.

TEHP: *tris-(2-ethylhexyl) phosphate*; tri-(2-etilexil) fosfato.

UHPLC: *ultra-high performance liquid chromatography*; cromatografia líquida de ultra eficiência.

UV-Vis: *ultraviolet-visible detector*; detector ultravioleta-visível.

UV: *ultraviolet*; ultravioleta.

µ-EME: *micro-electromembrane extraction*; micro-eletroextração em membrana.

Referências

Abedi, H.; Ebrahimzadeh, H.; Electromembrane-surrounded solid-phase microextraction coupled to ion mobility spectrometry for the determination of nonsteroidal anti-inflammatory drugs: A rapid screening method in complicated matrices. *J. Sep. Sci.* **2015**, *38*, 1358. https://doi.org/10.1002/jssc.201401350.

Ahmar, H.; Tabani, H.; Hossein Koruni, M.; Davarani, S. S. H.; Fakhari, A. R.; A new platform for sensing urinary morphine based on carrier assisted electromembrane extraction followed by adsorptive stripping voltammetric detection on screen-printed electrode. *Biosens. Bioelectron.* **2014**, *54*, 189. https://doi.org/10.1016/j.bios.2013.10.035.

Aladaghlo, Z.; Fakhari, A. R.; Hasheminasab, K. S.; Application of electromembrane extraction followed by corona discharge ion mobility spectrometry analysis as a fast and sensitive technique for determination of tricyclic antidepressants in urine samples. *Microchem. J.* **2016**, *129*, 41. https://doi.org/10.1016/j.microc.2016.05.013.

Alhooshani, K.; Basheer, C.; Kaur, J.; Gjelstad, A.; Rasmussen, K. E.; Pedersen-Bjergaard, S.; Lee, H. K.; Electromembrane extraction and HPLC analysis of haloacetic acids and aromatic acetic acids in wastewater. *Talanta* **2011**, *86*, 109. https://doi.org/10.1016/j.talanta.2011.08.026.

Amador, V. S.; Moreira, J. S.; Augusti, R.; Orlando, R. M.; Piccin, E.; Direct coupling of paper spray mass spectrometry and four-phase electroextraction sample preparation. *Analyst* **2021**, *146*, 1057. https://doi.org/10.1039/d0an01699c.

Arjomandi-Behzad, L.; Yamini, Y.; Rezazadeh, M.; Pulsed electromembrane method for simultaneous extraction of drugs with different properties. *Anal. Biochem.* **2013**, *438*, 136. https://doi.org/10.1016/j.ab.2013.03.027.

Asadi, S.; Tabani, H.; Khodaei, K.; Asadian, F.; Nojavan, S.; Rotating electrode in electro membrane extraction: A new and efficient methodology to increase analyte mass transfer. *RSC Adv.* **2016**, *6*, 101869. https://doi.org/10.1039/c6ra21762a.

Asadi, S.; Tabani, H.; Nojavan, S.; Application of polyacrylamide gel as a new membrane in electromembrane extraction for the quantification of basic drugs in breast milk and wastewater samples. *J. Pharm. Biomed. Anal.* **2018**, *151*, 178. https://doi.org/10.1016/j.jpba.2018.01.011.

Asl, Y. A.; Yamini, Y.; Seidi, S.; Amanzadeh, H.; Dynamic electromembrane extraction: Automated movement of donor and acceptor phases to improve extraction efficiency. *J. Chromatogr. A* **2015**, *1419*, 10. https://doi.org/10.1016/j.chroma.2015.09.077.

Asl, Y. A.; Yamini, Y.; Seidi, S.; Rezazadeh, M.; Simultaneous extraction of acidic and basic drugs via on-chip electromembrane extraction. *Anal. Chim. Acta* **2016**, *937*, 61. https://doi.org/10.1016/j.aca.2016.07.048.

Atkins, P.; Jones, L.; *Princípios de química*, 5th ed., Bookman: Porto Alegre, 2012.

Avelar, M. C. F.; Nascentes, C. C.; Orlando, R. M.; Electric field-assisted multiphase extraction to increase selectivity and sensitivity in liquid chromatography-mass spectrometry and paper spray mass spectrometry. *Talanta* **2021**, *224*, 121887. https://doi.org/10.1016/j.talanta.2020.121887.

Bagheri, H.; Es'haghi, A.; Es-haghi, A.; Mohammadkhani, E.; High-throughput micro-solid phase extraction on 96-well plate using dodecyl methacrylate-ethylen glycol dimethacrylate monolithic copolymer. *Anal. Chim. Acta* **2013**, *792*, 59. https://doi.org/10.1016/j.aca.2013.07.020.

Balchen, M.; Gjelstad, A.; Rasmussen, K. E.; Pedersen-Bjergaard, S.; Electrokinetic migration of acidic drugs across a supported liquid membrane. **2007**, *1152*, 220. https://doi.org/10.1016/j.chroma.2006.10.096.

Basheer, C.; Tan, S. H.; Lee, H. K.; Extraction of lead ions by electromembrane isolation. *J. Chromatogr. A* **2008**, *1213*, 14. https://doi.org/10.1016/j.chroma.2008.10.041.

Basheer, C.; Lee, J.; Pedersen-Bjergaard, S.; Rasmussen, K. E.; Lee, H. K.; Simultaneous extraction of acidic and basic drugs at neutral sample pH: A novel electro-mediated microextraction approach. *J. Chromatogr. A* **2010**, *1217*, 6661. https://doi.org/10.1016/j.chroma.2010.04.066.

Bazregar, M.; Rajabi, M.; Yamini, Y.; Asghari, A.; Abdossalami Asl, Y.; In-tube electro-membrane extraction with a sub-microliter organic solvent consumption as an efficient technique for synthetic food dyes determination in foodstuff samples. *J. Chromatogr. A* **2015**, *1410*, 35. https://doi.org/10.1016/j.chroma.2015.07.084.

Boutorabi, L.; Rajabi, M.; Bazregar, M.; Asghari, A.; Selective determination of chromium(VI) ions using in-tube electro-membrane extraction followed by flame atomic absorption spectrometry. *Microchem. J.* **2017**, *132*, 378. https://doi.org/10.1016/j.microc.2017.02.028.

Boyacı, E.; Gorynski, K.; Rodriguez-Lafuente, A.; Bojko, B.; Pawliszyn, J.; Introduction of solid-phase microextraction as a high-throughput sample preparation tool in laboratory analysis of prohibited substances. *Anal. Chim. Acta* **2014**, *809*, 69. https://doi.org/10.1016/j.aca.2013.11.056.

Campos, C. D. M.; Campos, R. P. S. de; Silva, J. A. F. da; Jesus, D. P.; Orlando, R. M.; Preparo de amostras assistido por campo elétrico: Fundamentos, avanços, aplicações e tendências. *Quim. Nova* **2015**, *38*, 1093. https://doi.org/10.5935/0100-4042.20150130.

Campos, C. D. M.; Park, J. K.; Neužil, P.; da Silva, J. A. F.; Manz, A.; Membrane-free electroextraction using an aqueous two-phase system. *RSC Adv.* **2014**, *4*, 49485. https://doi.org/10.1039/c4ra09246e.

Campos, C. D. M.; Reyes, F. G. R.; Manz, A.; da Silva, J. A. F.; On-line electroextraction in capillary electrophoresis: Application on the determination of glutamic acid in soy sauces. *Electrophoresis* **2019**, *40*, 322. https://doi.org/10.1002/elps.201800203.

Chanthasakda, N.; Nitiyanontakit, S.; Varanusupakul, P.; Electro-enhanced hollow fiber membrane liquid phase microextraction of Cr(VI) oxoanions in drinking water samples. *Talanta* **2016**, *148*, 680. https://doi.org/10.1016/j.talanta.2015.04.080.

Collins, C. J.; Arrigan, D. W. M.; A review of recent advances in electrochemically modulated extraction methods. *Anal. Bioanal. Chem.* **2009**, *393*, 835. https://doi.org/10.1007/s00216-008-2357-5.

Coltro, W. K. T.; Piccin, E.; Carrilho, E.; de Jesus, D. P.; da Silva, J. A. F.; da Silva, H. D. T.; do Lago, C. L.; Microssistemas de análises químicas: Introdução, tecnologias de fabricação, instrumentação e aplicações. *Quím. Nova* **2007**, *30*, 1986. https://doi.org/10.1590/S0100-40422007000800034.

da Silva, M. C.; Orlando, R. M.; Faria, A. F.; Electrical field assisted matrix solid phase dispersion as a powerful tool to improve the extraction efficiency and clean-up of fluoroquinolones in bovine milk. *J. Chromatogr. A* **2016**, *1461*, 27. https://doi.org/10.1016/j.chroma.2016.07.063.

Davarani, S. S. H.; Sheikhi, N.; Nojavan, S.; Ansarib, R.; Mansoria, S.; Electromembrane extraction of heavy metal cations from aqueous media based on flat membrane: Method transfer from hollow fiber to flat membrane. *Anal. Methods* **2015**, *7*, 2680. https://doi.org/10.1039/c5ay00243e.

Davarani, S. S. H.; Moazami, H. R.; Keshtkar, A. R.; Banitaba, M. H.; Nojavan, S.; A selective electromembrane extraction of uranium (VI) prior to its fluorometric determination in water. *Anal. Chim. Acta* **2013**, *783*, 74. https://doi.org/10.1016/j.aca.2013.04.045.

Davarani[b], S. S. H.; Morteza-Najarian, A.; Nojavan, S.; Pourahadi, A.; Abbassi, M. B.; Two-phase electromembrane extraction followed by gas chromatography-mass spectrometry analysis. *J. Sep. Sci.* **2013**, *36*, 736. https://doi.org/10.1002/jssc.201200838.

Davarani, S. S. H.; Pourahadi, A.; Nojavan, S.; Banitaba, M. H.; Nasiri-Aghdam, M.; Electro membrane extraction of sodium diclofenac as an acidic compound from wastewater, urine, bovine milk, and plasma samples and quantification by high-performance liquid chromatography. *Anal. Chim. Acta* **2012**, *722*, 55. https://doi.org/10.1016/j.aca.2012.02.012.

Davarani, S. S. H.; Saeed, S.; Moazami, H. R.; Memarian, E.; Nojavan, S.; Electromembrane extraction through a virtually rotating supported liquid membrane. *Electrophoresis* **2016**, *37*, 339. https://doi.org/10.1002/elps.201500296.

do Carmo, S. N.; Merib, J.; Carasek, E.; Bract as a novel extraction phase in thin-film SPME combined with 96-well plate system for the high-throughput determination of estrogens in human urine by liquid chromatography coupled to fluorescence detection. *J. Chromatogr. B* **2019**, *1118*, 17. https://doi.org/10.1016/j.jchromb.2019.04.037.

Domínguez, N. C.; Gjelstad, A.; Nadal, A. M.; Jensen, H.; Petersen, N. J.; Hansen, S. H.; Rasmussen, K. E.; Pedersen-Bjergaard, S.; Selective electromembrane extraction at low voltages based on analyte polarity and charge. *J. Chromatogr. A* **2012**, *1248*, 48. https://doi.org/10.1016/j.chroma.2012.05.092.

Drouin, N.; Kubáň, P.; Rudaz, S.; Pedersen-Bjergaard, S.; Schappler, J.; Electromembrane extraction: Overview of the last decade. *TrAC - Trends Anal. Chem.* **2019**, *113*, 357. https://doi.org/10.1016/j.trac.2018.10.024.

Drouin, N.; Mandscheff, J. F.; Rudaz, S.; Schappler, J.; Development of a new extraction device based on parallel-electromembrane extraction. *Anal. Chem.* **2017**, *89*, 6346. https://doi.org/10.1021/acs.analchem.7b01284.

Drouin, N.; Rudaz, S.; Schappler, J.; New supported liquid membrane for electromembrane extraction of polar basic endogenous metabolites. *J. Pharm. Biomed. Anal.* **2018**, *159*, 53. https://doi.org/10.1016/j.jpba.2018.06.029.

Dvořák, M.; Seip, K. F.; Pedersen-Bjergaard, S.; Kubáň, P.; Semi-automated set-up for exhaustive micro-electromembrane extractions of basic drugs from biological fluids. *Anal. Chim. Acta* **2018**, *1005*, 34. https://doi.org/10.1016/j.aca.2017.11.081.

Eibak, L. E. E.; Parmer, M. P.; Rasmussen, K. E.; Pedersen-Bjergaard, S.; Gjelstad, A.; Parallel electromembrane extraction in a multiwell plate. *Anal. Bioanal. Chem.* **2014**, *406*, 431. https://doi.org/10.1007/s00216-013-7345-8.

Eibak, L. E. E.; Rasmussen, K. E.; Øiestad, E. L.; Pedersen-Bjergaard, S.; Gjelstad, A.; Parallel electromembrane extraction in the 96-well format. *Anal. Chim. Acta* **2014**, *828*, 46. https://doi.org/10.1016/j.aca.2014.04.038

Eichler, M.; Jahnke, H. G.; Krinke, D.; Müller, A.; Schmidt, S.; Azendorf, R.; Robitzki, A. A.; A novel 96-well multielectrode array based impedimetric monitoring platform for comparative drug efficacy analysis on 2D and 3D brain tumor cultures. *Biosens. Bioelectron.* **2015**, *67*, 582. https://doi.org/10.1016/j.bios.2014.09.049.

Eskandari, M.; Yamini, Y.; Fotouhi, L.; Seidi, S.; Microextraction of mebendazole across supported liquid membrane forced by pH gradient and electrical field. *J. Pharm. Biomed. Anal.* **2011**, *54*, 1173. https://doi.org/10.1016/j.jpba.2010.12.006.

Fashi[a], A.; Yaftian, M. R.; Zamani, A.; Electromembrane extraction-preconcentration followed by microvolume UV–Vis spectrophotometric determination of mercury in water and fish samples. *Food Chem.* **2017**, *221*, 714. https://doi.org/10.1016/j.foodchem.2016.11.115.

Fashi[b], A.; Yaftian, M. R.; Zamani, A.; Electromembrane-microextraction of bismuth in pharmaceutical and human plasma samples: Optimization using response surface methodology. *Microchem. J.* **2017**, *130*, 71. https://doi.org/10.1016/j.microc.2016.08.003.

Fotouhi, L.; Yamini, Y.; Molaei, S.; Seidi, S.; Comparison of conventional hollow fiber based liquid phase microextraction and electromembrane extraction efficiencies for the extraction of ephedrine from biological fluids. *J. Chromatogr. A* **2011**, *1218*, 8581. https://doi.org/10.1016/j.chroma.2011.09.078.

Fuchs, D.; Jensen, H.; Pedersen-Bjergaard, S.; Gabel-Jensen, C.; Hansen, S. H.; Petersen, N. J.; Real time extraction kinetics of electro membrane extraction verified by comparing drug metabolism profiles obtained from a flow-flow electro membrane extraction-mass spectrometry system with LC-MS. *Anal. Chem.* **2015**, *87*, 5774. https://doi.org/10.1021/acs.analchem.5b00981.

Gjelstad, A.; Andersen, T. M.; Rasmussen, K. E.; Pedersen-Bjergaard, S.; Microextraction across supported liquid membranes forced by pH gradients and electrical fields. *J. Chromatogr. A* **2007**, *1157*, 38. https://doi.org/10.1016/j.chroma.2007.05.007.

Gjelstad, A.; Pedersen-Bjergaard, S.; Electromembrane extraction: A new technique for accelerating bioanalytical sample preparation. *Bioanalysis* **2011**, *3*, 787.

Gjelstad, A.; Rasmussen, K. E.; Pedersen-Bjergaard, S.; Simulation of flux during electromembrane extraction based on the Nernst-Planck equation. *J. Chromatogr. A* **2007**, *1174*, 104b. https://doi.org/10.1016/j.chroma.2007.08.057.

Guo, M.; Liu, S.; Wang, M.; Lv, Y.; Shi, J.; Zeng, Y.; Ye, J.; Chu, Q.; Double surfactants-assisted electromembrane extraction of cyromazine and melamine in surface water, soil and cucumber samples followed by capillary electrophoresis with contactless conductivity detection. *J. Sci. Food Agric.* **2020**, *100*, 301. https://doi.org/10.1002/jsfa.10039.

Haddad, P. R.; Doble, P.; Macka, M.; Developments in sample preparation and separation techniques for the determination of inorganic ions by ion chromatography and capillary electrophoresis. *J. Chromatogr. A* **1999**, *856*, 145. https://doi.org/10.1016/S0021-9673(99)00431-8.

Hansen, F. A.; Kubáň, P.; Øiestad, E. L.; Pedersen-Bjergaard, S.; Electromembrane extraction of highly polar bases from biological samples – Deeper insight into bis(2-ethylhexyl) phosphate as ionic carrier. *Anal. Chim. Acta* **2020**, *1115*, 23. https://doi.org/10.1016/j.aca.2020.04.027.

Hansen, F. A.; Sticker, D.; Kutter, J. P.; Petersen, N. J.; Pedersen-Bjergaard, S.; Nanoliter-scale electromembrane extraction and enrichment in a microfluidic chip. *Anal. Chem.* **2018**, *90*, 9322. https://doi.org/10.1021/acs.analchem.8b01936.

Hansen, F. A.; Pedersen-Bjergaard, S.; Emerging Extraction Strategies in Analytical Chemistry. *Anal. Chem.* **2020**, *92*, 2. https://doi.org/10.1021/acs.analchem.9b04677.

Harris, D. C.; *Análise química quantitativa*, 9th ed., LTC: Rio de Janeiro, 2017.

Huang, C.; Eibak, L.E.E.; Gjelstad, A.; Shen, X.; Trones, R.; Jensen, H.; Pedersen-Bjergaard, S.; Development of a flat membrane based device for electromembrane extraction: A new approach for exhaustive extraction of basic drugs from human plasma. *J. Chromatogr. A* **2014**, *1326*, 7. https://doi.org/10.1016/j.chroma.2013.12.028.

Huang, C.; Chen, Z.; Gjelstad, A.; Pedersen-Bjergaard, S.; Shen, X.; Electromembrane extraction. *TrAC - Trends Anal. Chem.* **2017**, *95*, 47. https://doi.org/10.1016/j.trac.2017.07.027.

Huang[b], C.; Gjelstad, A.; Pedersen-Bjergaard, S.; Organic solvents in electromembrane extraction: Recent insights. *Rev. Anal. Chem.* **2016**, *35*, 1. https://doi.org/10.1515/revac-2016-0008

Huang[a], C.; Jensen, H.; Seip, K. F.; Gjelstad, A.; Pedersen-Bjergaard, S.; Mass transfer in electromembrane extraction - The link between theory and experiments. *J. Sep. Sci.* **2016**, *39*, 188b. https://doi.org/10.1002/jssc.201500905.

Huang, C.; Seip, K. F.; Gjelstad, A.; Shen, X.; Pedersen-Bjergaard, S.; Combination of electromembrane extraction and liquid-phase microextraction in a single step: simultaneous group separation of acidic and basic drugs. *Anal. Chem.* **2015**, *87*, 6951. https://doi.org/10.1021/acs.analchem.5b01610.

IUPAC The IUPAC Compendium of Chemical Terminology. **2019**, http://goldbook.iupac.org/.

Jamt, R. E. G.; Gjelstad, A.; Eibak, L. E. E.; Øiestad, E. L.; Christophersen, A. S.; Rasmussen, K. E.; Pedersen-Bjergaard, S.; Electromembrane extraction of stimulating drugs from undiluted whole blood. *J. Chromatogr. A* **2012**, *1232*, 27. https://doi.org/10.1016/j.chroma.2011.08.058.

Joseph, N. R.; Stadie, W. C.; The simultaneous determination of total base and chloride on the same sample of serum by electrodialysis. *J. Biol. Chem.* **1938**, 795. https://doi.org/10.1016/S0021-9258(18)73972-0.

Kamankesh, M.; Mohammadi, A.; Mollahosseini, A.; Seidi, S.; Application of a novel electromembrane extraction and microextraction method followed by gas chromatography-mass spectrometry to determine biogenic amines in canned fish. *Anal. Methods* **2019**, *11*, 1898. https://doi.org/10.1039/c9ay00224c.

Kamankesh, M.; Mollahosseini, A.; Mohammadi, A.; Seidi, S.; Haas in grilled meat: Determination using an advanced lab-on-a-chip flat electromembrane extraction coupled with on-line HPLC. *Food Chem.* **2020**, *311*, 125876. https://doi.org/10.1016/j.foodchem.2019.125876.

Kamyabi, M. A.; Aghaei, A.; A simple and selective approach for determination of trace Hg(II) using electromembrane extraction followed by graphite furnace atomic absorption spectrometry. *Spectrochim. Acta - Part B At. Spectrosc.* **2017**, *128*, 17. https://doi.org/10.1016/j.sab.2016.12.007.

Kamyabi[a], M. A.; Aghaei, A.; Electromembrane extraction coupled to square wave anodic stripping voltammetry for selective preconcentration and determination of trace levels of As(III) in water samples. *Electrochim. Acta* **2016**, *206*, 192. https://doi.org/10.1016/j.electacta.2016.04.127.

Kamyabi[b], M. A.; Aghaei, A.; Electromembrane extraction and spectrophotometric determination of As(V) in water samples. *Food Chem.* **2016**, *212*, 65. https://doi.org/10.1016/j.foodchem.2016.05.139.

Karami, M.; Yamini, Y.; On-disc electromembrane extraction-dispersive liquid-liquid microextraction: A fast and effective method for extraction and determination of ionic target analytes from complex biofluids by GC/MS. *Anal. Chim. Acta* **2020**, *1105*, 95. https://doi.org/10.1016/j.aca.2020.01.024.

Khajeh, M.; Dahmardeh, M.; Bohlooli, M.; Khatibi, A.; Ghaffari-moghaddam, M.; Determination of gold in water samples using electromembrane extraction. *J. Dispers. Sci. Technol.* **2018**, *39*, 311. https://doi.org/10.1080/01932691.2016.1219668.

Khajeh, M.; Fard, S.; Bohlooli, M.; Ghaffari-Moghaddam, M.; Khatibi, A.; Extraction of caffeine and gallic acid from coffee by electrokinetic methods coupled with a hollow-fiber membrane. *J. Food Process Eng.* **2017**, *40*, 1. https://doi.org/10.1111/jfpe.12565.

Khajeh[a], M.; Pedersen-Bjergaard, S.; Barkhordar, A.; Bohlooli, M.; Application of hollow cylindrical wheat stem for electromembrane extraction of thorium in water samples. *Spectrochim. Acta - Part A Mol. Biomol. Spectrosc.* **2015**, *137*, 328. https://doi.org/10.1016/j.saa.2014.08.103.

Khajeh[b], M.; Shakeri, M.; Natavan, Z. B.; Moghaddam, Z. S.; Bohlooli, M.; Moosavi-Movahedi, A. A.; Electromembrane extraction of organic acid compounds in biological samples followed by high-performance liquid chromatography. *J. Chromatogr. Sci.* **2015**, *53*, 1217. https://doi.org/10.1093/chromsci/bmu178.

Kiplagat, I. K.; Doan, T. K. O.; Kubáň, P.; Boček, P.; Trace determination of perchlorate using electromembrane extraction and capillary electrophoresis with capacitively coupled contactless conductivity detection. *Electrophoresis* **2011**, *32*, 3008. https://doi.org/10.1002/elps.201100279.

Koruni, M. H.; Tabani, H.; Gharari, H.; Fakhari, A. R.; An all-in-one electro-membrane extraction: Development of an electro-membrane extraction method for the simultaneous extraction of acidic and basic drugs with a wide range of polarities. *J. Chromatogr. A* **2014**, *1361*, 95. https://doi.org/10.1016/j.chroma.2014.07.075.

Kubáň, P.; Boček, P.; Micro-electromembrane extraction across free liquid membranes. Extractions of basic drugs from undiluted biological samples. *J. Chromatogr. A* **2014**, *1337*, 32. https://doi.org/10.1016/j.chroma.2014.02.046.

Kubáň, P.; Boček, P.; The effects of electrolysis on operational solutions in electromembrane extraction: The role of acceptor solution. *J. Chromatogr. A* **2015**, *1398*, 11. https://doi.org/10.1016/j.chroma.2015.04.024.

Kubáň, P.; Strieglerová, L.; Gebauer, P.; Boček, P.; Electromembrane extraction of heavy metal cations followed by capillary electrophoresis with capacitively coupled contactless conductivity detection. *Electrophoresis* **2011**, *32*, 1025. https://doi.org/10.1002/elps.201000462.

Lee, J.; Khalilian, F.; Bagheri, H.; Lee, H. K.; Optimization of some experimental parameters in the electro membrane extraction of chlorophenols from seawater. *J. Chromatogr. A* **2009**, *1216*, 7687. https://doi.org/10.1016/j.chroma.2009.09.037.

Lindenburg, P. W.; Seitzinger, R.; Tempels, F. W. A.; Tjaden, U. R.; Van Der Greef, J.; Hankemeier, T.; Online capillary liquid-liquid electroextraction of peptides as fast pre-concentration prior to LC-MS. *Electrophoresis* **2010**, *31*, 3903. https://doi.org/10.1002/elps.201000347.

Liu, Y.; Guo, L.; Wang, Y.; Huang, F.; Shi, J.; Gao, G.; Wang, X.; Ye, J.; Chu, Q.; Electromembrane extraction of diamine plastic restricted substances in soft drinks followed by capillary electrophoresis with contactless conductivity detection. *Food Chem.* **2017**, *221*, 871. https://doi.org/10.1016/j.foodchem.2016.11.084.

Liu, Y.; Zhang, X.; Guo, L.; Zhang, Y.; Li, Z.; Wang, Z.; Huang, M.; Yang, C.; Ye, J.; Chu, Q.; Electromembrane extraction of salivary polyamines followed by capillary zone electrophoresis with capacitively coupled contactless conductivity detection. *Talanta* **2014**, *128*, 386. https://doi.org/10.1016/j.talanta.2014.04.079.

Majors, R.; Electrical Potential as a Driving Force in Sample Preparation. *LC GC Eur.* **2014**, *27*, 37.

Mamat, N. A.; See, H. H.; Development and evaluation of electromembrane extraction across a hollow polymer inclusion membrane. *J. Chromatogr. A* **2015**, *1406*, 34. https://doi.org/10.1016/j.chroma.2015.06.020.

McNeill, L.; Megson, D.; Linton, P. E.; Norrey, J.; Bradley, L.; Sutcliffe, O. B.; Shaw, K. J.; Lab-on-a-Chip approaches for the detection of controlled drugs, including new psychoactive substances: A systematic review. *Forensic Chem.* **2021**, *26*, 100370. https://doi.org/10.1016/j.forc.2021.100370.

Moazami, H. R.; Davarani, S. S. H.; Abrari, M.; Elahi, A.; Electromembrane extraction using a round-headed platinum wire as the inner electrode: A simple and practical way to enhance the performance of extraction. *Chromatographia* **2018**, *81*, 1023. https://doi.org/10.1007/s10337-018-3537-x.

Mofidi, Z.; Esmaeili, C.; Norouzi, P.; Seidi, S.; Ganjali, M. R.; Ultra-trace determination of imipramine using a $Sr(VO_3)_2$ doped phytic acid carbon paste electrode after preconcentration by electromembrane extraction coupled with FFT square wave voltammetry. *J. Electrochem. Soc.* **2018**, *165*, 205. https://doi.org/10.1149/2.0461805jes.

Mohammadkhani, E.; Yamini, Y.; Rezazadeh, M.; Seidi, S.; Electromembrane surrounded solid phase microextraction using electrochemically synthesized nanostructured polypyrrole fiber. *J. Chromatogr. A* **2016**, *1443*, 75. https://doi.org/10.1016/j.chroma.2016.03.067.

Morales-Cid, G.; Cárdenas, S.; Simonet, B. M.; Valcárcel, M.; Sample treatments improved by electric fields. *TrAC - Trends Anal. Chem.* **2010**, *29*, 158. https://doi.org/10.1016/j.trac.2009.11.006.

Morales-Cid, G.; Simonet, B. M.; Cárdenas, S.; Valcárcel, M.; Electrical field-assisted solid-phase extraction coupled on-line to capillary electrophoresis-mass spectrometry. *Electrophoresis* **2008**, *29*, 10, 2033. https://doi.org/ 10.1002/elps.200700565.

Nilash, M. M.; Mirzaei, F.; Fakhari, A. R.; Development and application of SBA-15 assisted electromembrane extraction followed by corona discharge ion mobility spectrometry for the determination of thiabendazole in fruit juice samples. *J. Sep. Sci.* **2019**, *42*, 1786. https://doi.org/10.1002/jssc.201800676.

Nojavan, S.; Shaghaghi, H.; Rahmani, T.; Shokri, A.; Nasiri-Aghdam, M.; Combination of electromembrane extraction and electro-assisted liquid-liquid microextraction: A tandem sample preparation method. *J. Chromatogr. A* **2018**, *1563*, 20. https://doi.org/10.1016/j.chroma.2018.05.068.

Nojavan, S.; Tahmasebi, Z.; Hosseiny Davarani, S. S.; Effect of type of stirring on hollow fiber liquid phase microextraction and electromembrane extraction of basic drugs: Speed up extraction time and enhancement of extraction efficiency. *RSC Adv.* **2016**, *6*, 110221. https://doi.org/10.1039/c6ra18798f.

Oedit, A.; Duivelshof, B.; Lindenburg, P. W.; Hankemeier, T.; Integration of three-phase microelectroextraction sample preparation into capillary electrophoresis. *J. Chromatogr. A* **2020**, *1610*, https://doi.org/10.1016/j.chroma.2019.460570.

Oedit, A.; Ramautar, R.; Hankemeier, T.; Lindenburg, P. W.; Electroextraction and electromembrane extraction: Advances in hyphenation to analytical techniques. *Electrophoresis* **2016**, *37*, 1170. https://doi.org/10.1002/elps.201500530.

Oliveira, A. M.; Loureiro, H. C.; de Jesus, F. F. S.; de Jesus, D. P.; Electromembrane extraction and preconcentration of carbendazim and thiabendazole in water samples before capillary electrophoresis analysis. *J. Sep. Sci.* **2017**, *40*, 1532. https://doi.org/10.1002/jssc.201601305.

Orlando, R. M.; Tese de Doutorado, Universidade Estadual de Campinas, Brasil, **2011**.

Orlando, R. M.; Rohwedder, J. J. R.; Rath, S.; Electric field-assisted solid phase extraction: devices, development and application with a cationic model compound. *Chromatographia* **2014**, *77*, 133. https://doi.org/10.1007/s10337-013-2565-9.

Orlando, R. M.; Rath, S. ; Peruchi, L. M.; BR1020140245855, **2014**.

Orlando, R. M.; Nascentes, C. C.; Moreira, J. S.; Costa, L. P. L.; Pereira, E. A.; Murta, M. B.; BR 1020170054713, **2017**.

Orlando, R. M.; Nascentes, C. C.; Botelho, B. G.; Moreira, J. S.; Costa, K. A.; Boratto, V. H. de M.; Development and evaluation of a 66-Well plate using a porous sorbent in a four-phase extraction assisted by electric field approach. *Anal. Chem.* **2019**, *91*, 6471. https://doi.org/10.1021/acs.analchem.8b04943.

Orlando, R. M.; Avelar, M. C. F.; Amador, V. S.; Nascentes, C. C.; Augusti, R.; Piccin, E.; BR 1020190259477, **2019**.

Orlando, R. M.; Miranda, T. P.; Viana, J. dos S.; Resende, G. A. P. de; Almeida, M. R. de; Botelho, B. G.; BR 1020190178612, **2019**.

Orlando, R. M.; Rohwedder, J. J.; Rath, S.; Electric field-assisted Solid Phase Extraction: Study of electrochromatographic parameters with an anionic model compound. *J. Braz. Chem. Soc.* **2015**, *26*, 310. http://dx.doi.org/10.5935/0103-5053.20140281.

Payán, M. R.; López, M. Á. B.; Torres, R. F.; Navarro, M. V.; Mochón, M. C.; Electromembrane extraction (EME) and HPLC determination of non-steroidal anti-inflammatory drugs (NSAIDs) in wastewater samples. *Talanta* **2011**, *85*, 394. https://doi.org/10.1016/j.talanta.2011.03.076.

Payán[a], M. D. R.; Li, B.; Petersen, N. J.; Jensen, H.; Hansen, S. H.; Pedersen-Bjergaard, S.; Nano-electromembrane extraction. *Anal. Chim. Acta* **2013**, *785*, 60. https://doi.org/10.1016/j.aca.2013.04.055.

Payán[b], M. R.; Navarro, M. V.; Torres, R. F.; Mochón, M. C.; López, M. Á. B.; Electromembrane extraction (EME) - An easy, novel and rapid extraction procedure for the HPLC determination of fluoroquinolones in wastewater samples. *Anal. Bioanal. Chem.* **2013**, *405*, 2575. https://doi.org/10.1007/s00216-012-6664-5.

Payán, M. R.; Santigosa, E.; Torres, R. F.; López, M. Á. B. A New Microchip Design.; A versatile combination of electromembrane extraction and liquid-phase microextraction in a single chip device. *Anal. Chem.* **2018**, *90*, 10417. https://doi.org/10.1021/acs.analchem.8b02292.

Pedersen-Bjergaard, S.; Huang, C.; Gjelstad, A.; Electromembrane extraction – Recent trends and where to go. *J. Pharm. Anal.* **2017**, *7*, 141. https://doi.org/10.1016/j.jpha.2017.04.002.

Pedersen-Bjergaard, S.; Rasmussen, K. E.; Electrokinetic migration across artificial liquid membranes: New concept for rapid sample preparation of biological fluids. *J. Chromatogr. A* **2006**, *1109*, 183. https://doi.org/10.1016/j.chroma.2006.01.025.

Petersen, N. J.; Jensen, H.; Hansen, S. H.; Foss, S. T.; Snakenborg, D.; Pedersen-Bjergaard, S.; On-chip electro membrane extraction. *Microfluid. Nanofluidics* **2010**, *9*, 881. https://doi.org/10.1007/s10404-010-0603-6.

Petersen, N. J.; Foss, S. T.; Jensen, H.; Hansen, S. H.; Skonberg, C.; Snakenborg, D.; Kutter, J. P.; Pedersen-Bjergaard, S.; On-chip electro membrane extraction with online ultraviolet and mass spectrometric detection. *Anal. Chem.* **2011**, *83*, 1, 44. https://doi.org/10.1021/ac1027148.

Pol, R.; Céspedes, F.; Gabriel, D.; Baeza, M.; Microfluidic lab-on-a-chip platforms for environmental monitoring. *TrAC - Trends Anal. Chem.* **2017**, *95*, 62. https://doi.org/10.1016/j.trac.2017.08.001.

Pourahadi, A.; Nojavan, S.; Hosseiny Davarani, S. S.; Gel-electromembrane extraction of peptides: Determination of five hypothalamic agents in human plasma samples. *Talanta* **2020**, *217*, 121025. https://doi.org/10.1016/j.talanta.2020.121025.

Rahimi, A.; Nojavan, S.; Tabani, H.; Inside gel electromembrane extraction: A novel green methodology for the extraction of morphine and codeine from human biological fluids. *J. Pharm. Biomed. Anal.* **2020**, *184*, 113175. https://doi.org/10.1016/j.jpba.2020.113175.

Rahmani, T.; Rahimi, A.; Nojavan, S.; Study on electrical current variations in electromembrane extraction process: Relation between extraction recovery and magnitude of electrical current. *Anal. Chim. Acta* **2016**, *903*, 81. https://doi.org/10.1016/j.aca.2015.11.024.

Raterink, R. J.; Lindenburg, P. W.; Vreeken, R. J.; Hankemeier, T.; Three-phase electroextraction: A new (online) sample purification and enrichment method for bioanalysis. *Anal. Chem.* **2013**, *85*, 7762. https://doi.org/10.1021/ac4010716.

Rathore, A. S.; Joule heating and determination of temperature in capillary electrophoresis and capillary electrochromatography columns. *J. Chromatogr. A* **2004**, *1037*, 431. https://doi.org/10.1016/j.chroma.2003.12.062.

Restan, M. S.; Jensen, H.; Shen, X.; Huang, C.; Martinsen, Ø. G.; Kubáň, P.; Gjelstad, A.; Pedersen-Bjergaard, S.; Comprehensive study of buffer systems and local pH effects in electromembrane extraction. *Anal. Chim. Acta* **2017**, *984*, 116. https://doi.org/10.1016/j.aca.2017.06.049.

Restan, M. S.; Skjærvø, Ø.; Martinsen, Ø. G.; Pedersen-Bjergaard, S.; Towards exhaustive electromembrane extraction under stagnant conditions. *Anal. Chim. Acta* **2020**, *1104*, 1. https://doi.org/10.1016/j.aca.2020.01.058.

Rezazadeh, M.; Yamini, Y.; Seidi, S.; Electrically assisted liquid-phase microextraction for determination of β 2-receptor agonist drugs in wastewater. *J. Sep. Sci.* **2012**, *35*, 571. https://doi.org/10.1002/jssc.201100869.

Rezazadeh, M.; Yamini, Y.; Seidi, S.; Electromembrane extraction of trace amounts of naltrexone and nalmefene from untreated biological fluids. *J. Chromatogr. B Anal. Technol. Biomed. Life Sci.* **2011**, *879*, 1143. https://doi.org/10.1016/j.jchromb.2011.03.043.

Rezazadeh, M.; Yamini, Y.; Seidi, S.; Esrafili, A.; Pulsed electromembrane extraction: A new concept of electrically enhanced extraction. *J. Chromatogr. A* **2012**, *1262*, 214. https://doi.org/10.1016/j.chroma.2012.08.090.

Rezazadeh, M.; Yamini, Y.; Seidi, S.; Esrafili, A.; One-way and two-way pulsed electromembrane extraction for trace analysis of amino acids in foods and biological samples. *Anal. Chim. Acta* **2013**, *773*, 52. https://doi.org/10.1016/j.aca.2013.02.030.

Ribeiro, C. C.; Orlando, R. M.; Rohwedder, J. J. R.; Reyes, F. G. R.; Rath, S.; Electric field-assisted solid phase extraction and cleanup of ionic compounds in complex food matrices: Fluoroquinolones in eggs. *Talanta* **2016**, *152*, 498. https://doi.org/10.1016/j.talanta.2016.02.047.

Safari, M.; Nojavan, S.; Davarani, S. S. H.; Morteza-Najarian, A.; Speciation of chromium in environmental samples by dual electromembrane extraction system followed by high performance liquid chromatography. *Anal. Chim. Acta* **2013**, *789*, 58. https://doi.org/10.1016/j.aca.2013.06.023.

Santos, B.; Valcarcel, M.; Simonet, B. M.; Ríos, A.; Automatic sample preparation in commercial capillary-electrophoresis equipment. *TrAC - Trends Anal. Chem.* **2006**, *25*, 10, 968. https://doi.org/10.1016/j.trac.2006.07.008.

Schoonen, J. W.; Van Duinen, V.; Oedit, A.; Vulto, P.; Hankemeier, T.; Lindenburg, P. W.; Continuous-flow microelectroextraction for enrichment of low abundant compounds. *Anal. Chem.* **2014**, *86*, 8048. https://doi.org/10.1021/ac500707v.

Sedehi, S.; Tabani, H.; Nojavan, S.; Electro-driven extraction of polar compounds using agarose gel as a new membrane: Determination of amino acids in fruit juice and human plasma samples. *Talanta* **2018**, *179*, 318. https://doi.org/10.1016/j.talanta.2017.11.009.

See, H. H.; Hauser, P. C.; Automated electric-field-driven membrane extraction system coupled to liquid chromatography-mass spectrometry. *Anal. Chem.* **2014**, *86*, 8665. https://doi.org/10.1021/ac5015589.

Seidi, S.; Rezazadeh, M.; Yamini, Y.; Zamani, N.; Esmaili, S.; Low voltage electrically stimulated lab-on-a-chip device followed by red-green-blue analysis: A simple and efficient design for complicated matrices. *Analyst* **2014**, *139*, 5531. https://doi.org/10.1039/c4an01124d.

Seidi[b], S.; Yamini, Y.; Heydari, A.; Moradi, M.; Esrafili, A.; Rezazadeh, M.; Determination of thebaine in water samples, biological fluids, poppy capsule, and narcotic drugs, using electromembrane extraction followed by high-performance liquid chromatography analysis. *Anal. Chim. Acta* **2011**, *701*, 181. https://doi.org/10.1016/j.aca.2011.05.042.

Seidi, S.; Yamini, Y.; Rezazadeh, M.; Combination of electromembrane extraction with dispersive liquid-liquid microextraction followed by gas chromatographic analysis as a fast and sensitive technique for determination of tricyclic antidepressants. *J. Chromatogr. B Anal. Technol. Biomed. Life Sci.* **2013**, *913*, 138. https://doi.org/10.1016/j.jchromb.2012.12.008.

Seidi[a], S.; Yamini, Y.; Rezazadeh, M.; Electrically enhanced microextraction for highly selective transport of three β-blocker drugs. *J. Pharm. Biomed. Anal.* **2011**, *56*, 859. https://doi.org/10.1016/j.jpba.2011.07.029.

Seidi, S.; Yamini, Y.; Rezazadeh, M.; Electrochemically assisted solid based extraction techniques: A review. *Talanta* **2015**, *132*, 339. https://doi.org/10.1016/j.talanta.2014.08.059.

Seidi, S.; Yamini, Y.; Rezazadeh, M.; Esrafili, A.; Low-voltage electrically-enhanced microextraction as a novel technique for simultaneous extraction of acidic and basic drugs from biological fluids. *J. Chromatogr. A* **2012**, *1243*, 6. https://doi.org/10.1016/j.chroma.2012.04.050.

Seip, K. F.; Gjelstad, A.; Pedersen-Bjergaard, S.; The potential of electromembrane extraction for bioanalytical applications. *Bioanalysis* **2015**, *7*, 463. https://doi.org/10.4155/bio.14.303.

Seip, K. F.; Jensen, H.; Kieu, T. E.; Gjelstad, A.; Pedersen-Bjergaard, S.; Salt effects in electromembrane extraction. *J. Chromatogr. A* **2014**, *1347*, 1. https://doi.org/10.1016/j.chroma.2014.04.053.

Shekaari, H.; Mehrdad, A.; Noorani, N.; Effect of some imidazolium based ionic liquids on the electrical conductivity of L(+)-lactic acid in aqueous solutions of poly(ethylene glycol). *Fluid Phase Equilib.* **2017**, *451*, 1. https://doi.org/10.1016/j.fluid.2017.08.003.

Silva, J. A. F.; Coltro, W. K. T.; Carrilho, E.; Tavares, M. F. M.; Terminologia para as técnicas analíticas de eletromigração em capilares. *Quim. Nova* **2007**, *30*, 740. https://doi.org/10.1590/S0100-40422007000300040.

Silva, M.; Mendiguchía, C.; Moreno, C.; Kubáň, P.; Electromembrane extraction and capillary electrophoresis with capacitively coupled contactless conductivity detection: Multi-extraction capabilities to analyses trace metals from saline samples. *Electrophoresis* **2018**, *39*, 2152. https://doi.org/10.1002/elps.201800125.

Skoog, D. A.; Donald, M. W.; Holler, F. J.; R, C. S.; *Fundamentos de química analítica*, 9th ed., Cengage Learning: São Paulo, 2018.

Šlampová, A.; Kubáň, P.; Two-phase micro-electromembrane extraction across free liquid membrane for determination of acidic drugs in complex samples. *Anal. Chim. Acta* **2019**, *1048*, 58. https://doi.org/10.1016/j.aca.2018.10.013.

Šlampová, A.; Kubáň, P.; Two-phase micro-electromembrane extraction with a floating drop free liquid membrane for the determination of basic drugs in complex samples. *Talanta* **2020**, *206*, 120255. https://doi.org/10.1016/j.talanta.2019.120255.

Sousa, D. V. M.; Pereira, F. V; Nascentes, C. C.; Moreira, J. S.; Boratto, V. H. M.; Orlando, R. M.; Cellulose cone tip as a sorbent material for multiphase electrical field-assisted extraction of cocaine from saliva and determination by LC-MS/MS. *Talanta* **2020**, *208*, 120353. https://doi.org/10.1016/j.talanta.2019.120353.

Stichlmair, J.; Schmidt, J.; Proplesch, R.; Electroextraction: A novel separation technique. *Chem. Eng. Sci.* **1992**, *47*, 3015. https://doi.org/10.1016/0009-2509(92)87003-9.

Sun, J. N.; Chen, J.; Shi, Y. P.; Ionic liquid-based electromembrane extraction and its comparison with traditional organic solvent based electromembrane extraction for the determination of strychnine and brucine in human urine. *J. Chromatogr. A* **2014**, *1352*, 1. https://doi.org/10.1016/j.chroma.2014.05.037.

Tabani, H.; Asadi, S.; Nojavan, S.; Parsa, M.; Introduction of agarose gel as a green membrane in electromembrane extraction: An efficient procedure for the extraction of basic drugs with a wide range of polarities. *J. Chromatogr. A* **2017**, *1497*, 47. https://doi.org/10.1016/j.chroma.2017.03.075.

Tabani[b], H.; Fakhari, A. R.; Shahsavani, A.; Simultaneous determination of acidic and basic drugs using dual hollow fibre electromembrane extraction combined with CE. *Electrophoresis* **2013**, *34*, 269. https://doi.org/10.1002/elps.201200330.

Tabani[a], H.; Fakhari, A. R.; Zand, E.; Low-voltage electromembrane extraction combined with cyclodextrin modified capillary electrophoresis for the determination of phenoxy acid herbicides in environmental samples. *Anal. Methods* **2013**, *5*, 1548. https://doi.org/10.1039/c3ay26252a.

Tahmasebi, Z.; Davarani, S. S. H.; Selective and sensitive speciation analysis of Cr(VI) and Cr(III), at sub-µg L^{-1} levels in water samples by electrothermal atomic absorption spectrometry after electromembrane extraction. *Talanta* **2016**, *161*, 640. https://doi.org/10.1016/j.talanta.2016.09.016.

Tahmasebi, Z.; Davarani, S. S. H.; Ebrahimzadeh, H.; Asgharinezhad, A. A.; Ultra-trace determination of Cr (VI) ions in real water samples after electromembrane extraction through novel nanostructured polyaniline reinforced hollow fibers followed by electrothermal atomic absorption spectrometry. *Microchem. J.* **2018**, *143*, 212. https://doi.org/10.1016/j.microc.2018.08.014.

Tan, T. Y.; Basheer, C.; Ng, K. P.; Lee, H. K.; Electro membrane extraction of biological anions with ion chromatographic analysis. *Anal. Chim. Acta* **2012**, *739*, 31. https://doi.org/10.1016/j.aca.2012.06.007.

Tan, T. Y.; Basheer, C.; Yan Ang, M. J.; Lee, H. K.; Electroenhanced solid-phase microextraction of methamphetamine with commercial fibers. *J. Chromatogr. A* **2013**, *1297*, 12. https://doi.org/10.1016/j.chroma.2013.04.082.

Tavares, M. F. M.; Eletroforese capilar: Conceitos básicos. *Quim. Nova* **1996**, *19*, 173.

Svedberg, T.; Tiselius, A.; A new method for determination of the mobility of proteins. *J Am Chem Soc.* **1926**, *48*, 2272. https://doi.org/10.1021/ja01420a004.

van der Vlis, E.; Mazereeuw, M.; Tjaden, U. R.; Irth, H.; van der Greef, J.; Combined liquid-liquid electroextraction and isotachophoresis as a fast on-line focusing step in capillary electrophoresis. *J. Chromatogr. A* **1994**, *687*, 333. https://doi.org/10.1016/0021-9673(94)00776-4.

Vårdal, L.; Øiestad, E. L.; Gjelstad, A.; Pedersen-Bjergaard, S.; Electromembrane extraction of substances with weakly basic properties: A fundamental study with benzodiazepines. *Bioanalysis* **2018**, *10*, 769. https://doi.org/10.4155/bio-2018-0030.

Viana, J. dos S.; Caneschi de Freitas, M.; Botelho, B. G.; Orlando, R. M.; Large-volume electric field-assisted multiphase extraction of malachite green from water samples: A multisample device and method validation. *Talanta* **2021**, *222*, 121540. https://doi.org/10.1016/j.talanta.2020.121540.

Villar-Navarro, M.; Moreno-Carballo, M. D. C.; Fernández-Torres, R.; Callejón-Mochón, M.; Bello-López, M. Á.; Electromembrane extraction for the determination of parabens in water samples. *Anal. Bioanal. Chem.* **2016**, *408*, 1615. https://doi.org/10.1007/s00216-015-9269-y.

Wuethrich, A.; Haddad, P. R.; Quirino, J. P.; The electric field - An emerging driver in sample preparation. *TrAC - Trends Anal. Chem.* **2016**, *80*, 604. https://doi.org/10.1016/j.trac.2016.04.016.

Xu, L.; Hauser, P. C.; Lee, H. K.; Electro membrane isolation of nerve agent degradation products across a supported liquid membrane followed by capillary electrophoresis with contactless conductivity detection. *J. Chromatogr. A* **2008**, *1214*, 17. https://doi.org/10.1016/j.chroma.2008.10.058.

Yamini[b], Y.; Pourali, A.; Seidi, S.; Rezazadeh, M.; Electromembrane extraction followed by high performance liquid chromatography: An efficient method for extraction and determination of morphine, oxymorphone, and methylmorphine from urine samples. *Anal. Methods* **2014**, *6*, 5554. https://doi.org/10.1039/c4ay00480a.

Yamini[a], Y.; Seidi, S.; Rezazadeh, M.; Electrical field-induced extraction and separation techniques: Promising trends in analytical chemistry - A review. *Anal. Chim. Acta* **2014**, *814*, 1a. https://doi.org/10.1016/j.aca.2013.12.019.

Yaripour, S.; Mohammadi, A.; Nojavan, S.; Electromembrane extraction of tartrazine from food samples: Effects of nano-sorbents on membrane performance. *J. Sep. Sci.* **2016**, *39*, 2642. https://doi.org/10.1002/jssc.201600071.

Zhu, H.; Fohlerová, Z.; Pekárek, J.; Basova, E.; Neužil, P.; Recent advances in lab-on-a-chip technologies for viral diagnosis. *Biosens. Bioelectron.* **2020**, *153*, 112041. https://doi.org/10.1016/j.bios.2020.112041.

3

BIOSSORVENTES

Júlia Condé Vieira, Mariana Cristine Coelho Diniz, Ricardo Mathias Orlando, Cassiana Carolina Montagner, Guilherme Dias Rodrigues

NESTE CAPÍTULO, SERÃO ABORDADOS:

3.1 Breve Histórico e Evolução
3.2 Fundamentos Teóricos
3.3 Natureza do Biossorbato e do Biossorvente
3.4 Interações Envolvidas na Biossorção
3.5 Aplicações e Otimização
3.6 Vantagens, Desvantagens, Limitações e Perspectivas
Glossário
Referências

3.1 Breve Histórico e Evolução

Na base de dados *Web of Science*, a primeira publicação em que o termo biossorvente (do inglês *biosorbent*) apareceu foi no resumo de 1976, escrito por Jilek *et al.* para a 12ª Reunião Anual da Sociedade Checoslovaca de Microbiologia. Os autores relataram o uso de uma biomassa de fungos na preparação de um material sorvente para remoção de metais em atividades de mineração (Jilek *et al.*, 1976). Já o primeiro artigo científico que continha a palavra biossorvente foi publicado somente oito anos depois, na revista *Applied and Environmental Microbiology*. Nesse artigo os cientistas canadenses utilizaram uma biomassa de fungos da espécie *Rhizopus javacanius*, nesse caso, para remoção de cobre (Treen-Sears *et al.*, 1984).

Por cerca de vinte e cinco anos após a utilização do termo biossorvente pela primeira vez, o interesse em materiais sorventes de origem biológica ficou em uma espécie de estado latente de evolução, com poucos trabalhos publicados. Somente com o início e a explosão de trabalhos baseados nos preceitos da **química verde** (**QV**), no início dos anos 90, é que a aplicação de biossorventes teve seu crescimento fortemente acelerado, acompanhando a tendência de mudança e evolução dos processos químicos para formas mais conscientes, limpas e sustentáveis.

Desde então, os trabalhos associados ao termo biossorvente têm sido cada vez mais publicados ao redor do mundo. Estima-se que, entre 1976 e 2020, foram produzidas mais de 5304 publicações, das quais 4866 (92%) são artigos científicos. Esse aumento do interesse pelo tema é evidente no gráfico de publicações anuais apresentado na **Figura 3.1**. A contar do momento em que o termo foi utilizado pela primeira vez, é possível observar que existe uma tendência de crescimento e que essa área específica da ciência ainda não chegou ao seu auge.

Ao todo, 113 países já tiveram publicações com o termo biossorvente. A China ocupa um lugar de destaque, com cerca de 938 publicações. O Brasil, por sua vez, ocupa o 4º lugar em publicações, com 375 trabalhos. O primeiro artigo de um grupo brasileiro foi publicado em 1995, ano em que foi empregada a espécie de planta aquática *Eichhornia crassipes* para remoção de Pb^{2+}, Cd^{2+}, Cu^{2+} e Zn^{2+}. Os autores obtiveram uma boa capacidade de recobrimento da superfície do biossorvente (Schneider *et al.*, 1995).

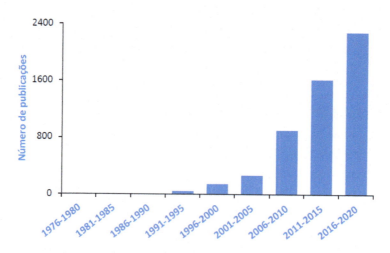

Figura 3.1. Número de publicações, ao longo dos anos de 1976-2020, que contêm a palavra "*biosorbent*" em tópicos, como listado na base de dados do *Web of Science* (acessado em 07/2020).

O número de patentes depositadas também acompanhou o interesse tecnológico e comercial pelo assunto, demonstrando um acentuado crescimento ao longo das duas últimas décadas (**Figura 3.2**). Ao todo, foram contabilizadas 1774 patentes, com a pioneira publicada no ano de 1980, na Checoslováquia por Jan *et al.*, 1978. A China, mais uma vez, lidera esse ranking e detém 68% das patentes, o que corresponde a 1213 produções. Os Estados Unidos, que ocupam o segundo lugar, aparecem com 112 registros.

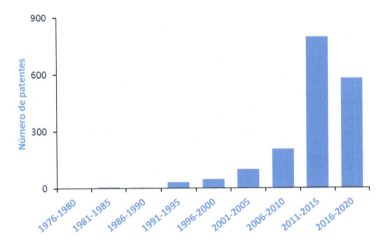

Figura 3.2. Número de patentes, ao longo dos anos de 1980-2020, que contém a palavra "*biosorbent*" no título e no resumo, como listado no site *Espacenet* (acessado em 07/2020).

Entre essas tecnologias, foram encontradas 10 patentes depositadas no Brasil. A primeira foi divulgada em 1998 e tratava do preparo de materiais biossorventes à base de celulose para remoção de metais pesados em soluções aquosas (Camacho *et al.*, 1998). Apesar de significativo, esse é um número ainda bastante discreto dada a enorme capacidade científica e tecnológica brasileira na produção de biomateriais.

Tanto em publicações quanto nas patentes relacionadas aos biossorventes, observa-se dois empregos diferentes para esses materiais. O principal deles é o seu uso para remoção de contaminantes e/ou recuperação de espécies químicas de interesse, especialmente metais dissolvidos. Nesse caso, as aplicações são realizadas, via de regra, em larga escala (metros cúbicos de amostra) e estão associadas às soluções para mitigar a contaminação de corpos d'água ou tratamento de efluentes industriais e domésticos. Esses materiais são, portanto, de grande interesse para as áreas de engenharia e química industrial.

O segundo emprego dos materiais biossorventes são as aplicações analíticas. Eles têm por finalidade o preparo de amostras em situações mais específicas, seletivas e direcionadas e, por isso, em volumes de amostras na casa de mililitros e massa de analito na casa dos microgramas. Para aplicações analíticas, foram encontradas 31 publicações que relataram o uso de biossorventes para preparo de amostra na base de dados do *Web of Science*. Desses trabalhos, 10 foram realizados por pesquisadores brasileiros, o que evidencia o importante papel da pesquisa brasileira nessa área. Ademais, a primeira publicação com finalidade de preparo de amostras desenvolvida no Brasil foi publicada em 2009. Nesse estudo, os pesquisadores usaram filmes finos de plantas aquáticas (*Eicchornia crassipes*) como biossorventes de cromo. O material sorvente contendo cromo foi usado para quantificação desse metal, através da técnica de Emissão de Raios-X Induzida por Partículas (PIXE) (Espinoza-Quiñones *et al.*, 2009).

Em vista disso, fica nítido que os biossorventes se apresentam como materiais promissores para aplicação tanto na remoção de contaminantes quanto no preparo de amostras. Isso, porque eles têm vantagens frente aos materiais convencionais comumente utilizados, tais como carvão, sílica, areia, argila, polímeros sintéticos, etc. Esses biomateriais apresentam alta eficiência de operação, um processo de execução análogo às tecnologias convencionais; geralmente possuem alta abundância e baixos custos de produção, além de poderem ser reutilizados. Por esses motivos, o interesse nesses materiais cresce a cada ano, o que é facilmente demonstrado pelo número de novos trabalhos publicados com biossorventes para diferentes finalidades e processos (Godage e Gionfriddo, 2020).

3.2 Fundamentos Teóricos

A biossorção pode ser definida como a remoção ou recuperação de substâncias ou íons da solução, sejam eles orgânicos ou inorgânicos, por algum material de origem biológica. É considerada uma subcategoria da sorção, uma técnica em que o sorvente empregado é de origem biológica. Ademais, entende-se a biossorção como um processo físico-químico e que pode incluir fenômenos de absorção, adsorção, troca iônica, complexação de superfície e precipitação (Gadd *et al.*, 2008).

Os grupos funcionais presentes nos biossorventes são os grandes responsáveis pela interação do material com o analito a ser sorvido. Este analito que deverá ser recuperado ou removido da solução pelo biossorvente é denominado biossorbato ou adsorbato. Entretanto, neste último caso, a nomenclatura pode ser aplicada para identificar qualquer processo de adsorção, não necessariamente envolvendo um biossorvente. Essas substâncias podem ser orgânicas ou inorgânicas, estar nas formas gasosa ou líquida e ser solúveis ou insolúveis no meio aquoso, o que indica que uma ampla gama de analitos alvo podem ser removidos das soluções.

A maioria dos trabalhos publicados nessa área têm como objetivo o uso de biossorventes para remoção de cátions metálicos de soluções aquosas. Apesar disso, a remoção de ânions através do processo de biossorção tem sido de grande interesse para áreas de mineração, metalurgia e para indústrias de acabamento de superfícies. Metais e metaloides, como arsênio, selênio, cromo, molibdênio e vanádio, que ocorrem em efluentes de águas residuais industriais na forma aniônica, têm sido estudados como adsorbatos em trabalhos que aplicam biossorventes para remoção de contaminantes inorgânicos. Materiais e processos convencionais, como resinas de troca iônica, carvão ativado e precipitação são majoritariamente utilizados para esse fim. No entanto, o processo de biossorção vem ganhando espaço como um tratamento eficaz e sustentável de poluentes aniônicos de águas residuais (Michalak *et al.*, 2013).

Embora os biossorventes sejam, em sua maioria, materiais complexos e com diferentes grupos de interação em sua superfície, é comum que um desses grupos seja predominante e responsável por um mecanismo principal de interação com o adsorbato. Os mecanismos mais comuns encontrados em biossorventes são os mesmos observados em sorventes convencionais, tais como troca iônica, complexação, coordenação, adsorção, interação eletrostática, quelação, microprecipitação e reações redox (Veglio e Beolchini, 1997; Vijayaraghavan e Yun, 2008; Wang e Chen, 2006; Wang e Chen, 2006; Michalak *et al.*, 2013).

Para alguns biossorventes, os mecanismos envolvidos nas interações entre o adsorvente e o adsorvato já foram descritos, e essas informações são de grande importância para controlar e aumentar o rendimento da remoção dos analitos alvo.

No trabalho de Kratochvil et al. (1998), os autores propuseram um mecanismo de biossorção de dicromato pela macroalga *Sargassum marrom*. Esse bissorvente é amplamente utilizado para remoção de cátions metálicos, como Pb^{2+}, Cu^{2+}, Cd^{2+}, Ca^{2+}, Zn^{2+} e Mg^{2+}, de soluções aquosas (Ortiz-Calderon et al., 2017). Nesse artigo, observou-se que espécies de cromato foram sorvidas por troca iônica e posteriores reações de redução e oxidação entre os cátions Cr^{2+} e Cr^{6+} (Kratochvil et al., 1998).

Outras moléculas, como quitosana e quitina também têm demonstrado ser biossorventes eficientes para a remoção de ânions (Guibal et al., 1999; Milot et al., 1997). Giles[a,b] et al. (1958) descreveram a sorção de corante sulfonado por quitina e atribuíram atração eletrostática ao mecanismo responsável pela remoção do corante. Nesse trabalho, os autores observaram que quando o pH da solução era menor do que o pK_a da molécula biossorvente, os grupos funcionais amida e amina poderiam ser protonados efetivamente. Como resultado, a carga positiva resultante no biossorvente poderia ligar-se ao grupo sulfônico aniônico do corante. Ademais, em outro trabalho Dambies et al. (1999) conseguiram imobilizar íons molibdato em quitosana em gel e aumentaram, deste modo, a sorção de As^{5+}.

Compostos orgânicos apresentam um desafio para a remoção em sistemas aquosos, pois podem ser degradados por populações microbianas naturais ou por processos de biodegradação. Com isso, muitos produtos gerados podem apresentar toxicidade superior ao composto original. Além disso, muitos contaminantes orgânicos são resistentes à digestão aeróbica ou estáveis aos agentes oxidantes comumente empregados em sistemas de tratamento ou remoção. Em grande parte dos casos, os compostos que devem ser removidos estão presentes em baixas concentrações, o que dificulta a remoção por métodos convencionais. Por essas características, muitas vezes, torna-se necessária uma combinação de diferentes processos para se atingir a qualidade desejada da água. Nesse contexto, a biossorção tem demonstrado potencial para aplicações biotecnológicas destinadas à remoção de substâncias orgânicas como corantes, compostos fenólicos e agrotóxicos, que estão relacionadas tanto a contaminantes como a efluentes, descartes, esgotos, entre outros (Fomina e Gadd, 2014; Crini e Bardot, 2008; Aksu, 2005).

O desempenho desses materiais pode ser avaliado por meio dos estudos de parâmetros físico-químicos muito bem estabelecidos para os processos sortivos em geral (Nascimento *et al.*, 2014; Bonilla-Petriciolet *et al.*, 2017). Três dos principais parâmetros utilizados para avaliar a capacidade e eficiência do biossorvente: **capacidade de adsorção (q)**, **porcentagem de remoção** e **fator de pré-concentração**, serão descritos brevemente nos tópicos a seguir.

Capacidade de adsorção (q)

A capacidade de adsorção, q (mg g^{-1}), é o parâmetro que determina a massa de analito removida por quantidade do biossorvente utilizado e, dessa forma, está diretamente relacionada à eficiência do biossorvente. Essa propriedade é calculada de acordo com a **Equação 3.1**:

$$q = \frac{(C_i - C_f)}{m} V \quad (3.1)$$

Nessa equação, C_i (mg L^{-1}) representa a concentração inicial do adsorbato, C_f (mg L^{-1}) a concentração final desse mesmo analito, V (mL) o volume da solução da qual o adsorbato é sorvido e m (g) a massa do biossorvente utilizado.

A capacidade de adsorção máxima ($q_{máx}$), obtida através de isotermas, é o parâmetro universal de comparação de eficiência dos biossorventes. Para esse parâmetro, quanto maior o valor da adsorção máxima, mais eficiente é o material avaliado, uma vez que mais biossorbato é removido por grama de biossorvente. É comum encontrar trabalhos que comparam o valor de $q_{máx}$ do material desenvolvido com os demais sorventes da literatura. Vieira *et al.*, (2021) relataram que obtiveram um biossorvente para Hg^{2+} com $q_{máx}$= 85,38 mg g^{-1}, enquanto, os outros biossorventes preparados atingiram valores de $q_{máx}$ na faixa de 0,2 a 50 mg g^{-1}. O resultado observado justifica-se pela inovação do material proposto, que estabiliza um filme fino de uma molécula biossorvente em um suporte inerte, gerando uma nova classe de biomateriais (Vieira *et al.*, 2021).

Porcentagem de remoção

A porcentagem de remoção representa a quantidade percentual do adsorbato extraído da solução pelo biossorvente. Esse valor é calculado de acordo com a **Equação 3.2**:

$$\%Remoção = \frac{C_0 - C_f}{C_0} 100\% \quad (3.2)$$

Aqui, C_f representa a concentração remanescente do adsorbato em solução e C_0 a concentração inicial desse analito na solução. Esse parâmetro é importante e muito utilizado durante os estudos de otimização do biossorvente, uma vez que é uma forma direta e fácil de calcular a eficiência do processo de biossorção.

Fator de pré-concentração

O cálculo do fator de pré-concentração (FPC) é especialmente importante para os trabalhos que empregam biossorventes como materiais para o preparo de amostras. Isso, porque o objetivo deste procedimento, além de remover interferentes, é pré-concentrar o adsorbato. Esse parâmetro é calculado a partir da **Equação 3.3**:

$$FPC = \frac{C_f}{C_i} \quad (3.3)$$

Para essa relação, C_i representa a concentração inicial do analito na amostra e C_f a concentração final do analito após o preparo de amostra empregado.

Obter FPC elevados é especialmente importante quando o objetivo é obter limites de quantificação e detecção mais baixos ou quando o teor do biossorbato na amostra é reduzido. Uma discussão mais detalhada da importância e dos detalhes para se obter o FPC necessário é fornecido no Capítulo 1 desse livro.

3.3 Natureza do Biossorbato e do Biossorvente

Na grande maioria dos trabalhos, os biossorbatos são espécies químicas que apresentam toxicidade relevante e precisam ser quantificados em amostras ambientais. Os metais foram os primeiros biossorbatos alvo. Essa aplicação segue sendo uma das mais estudadas entre as técnicas de remoção que utilizam biossorventes (Maes *et al.*, 2017; Hosseinkhani *et al.*, 2014). Por décadas, o uso e descarte incorretos de metais tóxicos têm sido a causa de sérios problemas ambientais, a exemplo do mercúrio, arsênio, cromo, cádmio, chumbo e cobre e, portanto, são biossorbatos amplamente estudados (Vieira *et al.*, 2021; Suzuki e Banfield, 2004; Volesky e May-Phillips, 1995; Avery, 1995).

Além de metais, materiais particulados e coloides, espécies organometálicas, inorgânicas e compostos orgânicos são biossorbatos potenciais. Dentre os compostos orgânicos mais estudados, estão os agrotóxicos, corantes, fluoreto, ftalatos, combustíveis e outros derivados de petróleo, além de produtos farmacêuticos (Volesky, 2007; Gadd, 2008; Michalak *et al.*, 2013; Veglio e Beolchini 1997; Volesky e May-Phillips, 1995, Plazinski, 2013). A grande variedade de espécies químicas com diferentes propriedades físico-químicas extraídas ou removidas com biossorventes é outra importante evidência da versatilidade desses materiais para o preparo de amostras ou remediação.

O principal elemento de um processo de biossorção é a camada superficial do biossorvente. Normalmente, esses materiais possuem uma diversificada gama de grupos funcionais superficiais responsáveis por suas características sortivas. É desejável que eles apresentem qualidades específicas, tais como: alta disponibilidade, baixo custo, atoxicidade e alta eficiência. Esta última, está intimamente relacionada à alta área superficial e sítios de interação adequados com o respectivo absorbato (Fomina e Gadd, 2014).

É importante salientar que, ao longo dos anos do desenvolvimento de biossorção, muitos materiais com origens diversas foram avaliados como possíveis biossorventes (Torres, 2020; Freitas *et al.*, 2019; Fomina e Gadd, 2014). Por serem muitas vezes oriundos de resíduos de diferentes aplicações, o uso desses materiais como biossorventes tem a vantagem de evitar seu descarte. Evitar o descarte de materiais é importante para diminuir tempo e custos uma vez que essa etapa é frequentemente considerada onerosa e complexa quando realizada da forma correta (Torres, 2020).

Os biossorventes podem se originar de células vivas intactas e compostos derivados de origem biológica, com diferentes graus de modificação e, por esse motivo, são classificados em:

Biossorventes vivos: espécies de fungos, bactérias, leveduras, algas e microalgas, usadas em diversas aplicações (Rogowska *et al.*, 2019; Xu *et al.*, 2020; Jin *et al.*, 2020; Santaeufemia *et al.*, 2019; Contreras-Cortes *et al.*, 2020; Moghazy *et al.*, 2019; Jaafari e Yaghmaeian, 2019).

Biomassa: são os biossorventes mais amplamente empregados. Atualmente, são explorados para essa finalidade alguns resíduos agroindustriais, como fibras de coco, (Costa *et al.*, 2020), lamas industriais (Kulkarni *et al.*, 2019; Taki *et al.*, 2019), polissacarídeos (Hussein *et al.*, 2019), algas, lodo orgânico e plantas (Fomina e Gadd, 2014).

Moléculas de origem biológica: são objetos de estudos mais recentes, tais como biopolímeros (Zhang *et al.*, 2020) e biomoléculas extraídas de plantas (Domingues *et al.*, 2020; Franco *et al.*, 2020; Medhi *et al.*, 2020; Wang e Huang, 2020). Vieira *et al.* (2021), por exemplo, recentemente estudaram uma nova classe de biossorventes baseada na molécula de bixina, que apresentava uma seletividade interessante em relação a outros biossorventes para o íon Hg^{2+} em soluções aquosas.

Embora técnicas de biossorção sejam geralmente simples, sistemas mais complexos já foram desenvolvidos, com a formação de materiais biocompósitos com novas características e com maiores eficiências nos processos empregados. Aplicações de nanopartículas magnéticas como suportes, em colunas de leito fixo e em reatores são inovações que têm contribuído para aumentar a gama de utilização dos materiais biossorventes e aproveitar ainda mais a alta eficiência desses processos (Giese *et al.*, 2020).

3.4 Interações Envolvidas na Biossorção

A biossorção é um processo baseado em uma variedade de mecanismos e grupos funcionais que são fundamentais, tanto para as interações com espécies químicas no meio ambiente, como nos processos de biotratamento ou preparo de amostras (Fomina e Gadd, 2014).

Grupos Funcionais: os mais comuns são ácidos carboxílicos, fenóis, hidroxila, amino, carboxila, carbonil, grupos metal-oxigênio e estruturas aromáticas. A **Figura 3.3.** mostra algumas fontes de biossorventes utilizados nos processos de biossorção e alguns dos grupos funcionais explorados nos trabalhos publicados.

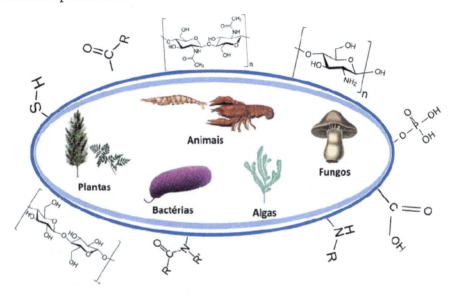

Figura 3.3. Fontes de biossorventes e alguns grupos funcionais usualmente encontrados e descritos em trabalhos que empregam biossorção.

Mecanismos da biossorção: a troca iônica, as interações eletrostáticas, a precipitação e a complexação são os mecanismos dominantes de sorção para contaminantes iônicos. Por outro lado, as interações hidrofóbicas, a difusão interpartículas, a partição e a ligação de hidrogênio são os mecanismos dominantes de adsorção para remoção de contaminantes orgânicos por biossorventes. Esses mecanismos são comuns a todos os processos sortivos e serão detalhados em capítulos de outros volumes desta obra.

3.5 Aplicações e Otimização

Assim como na ampla maioria das aplicações de materiais sortivos para extração, os trabalhos que empregam biossorventes demandam estudos de otimização das condições experimentais para que seja obtido um melhor resultado. Essas otimizações visam, além de acelerar o processo de sorção, tornar as interações descritas no **Tópico 3.4.** mais seletivas para os analitos alvo.

A **Tabela 3.1** e a **Tabela 3.2**, que aparecem em seguida, apresentam uma revisão bibliográfica dos principais fatores que influenciam no desempenho dos biossorventes, além de outras características, como a técnica analítica, os analitos, a matriz e o material biossorvente empregados, além de alguns resultados de desempenho do método desenvolvido. A **Tabela 3.1** apresenta os trabalhos desenvolvidos e/ou aplicados para o preparo de amostra de analitos inorgânicos e a **Tabela 3.2**, para os analitos orgânicos. Os dados foram organizados desta forma, porque pode haver diferenças significativas tanto nas técnicas analíticas empregadas para a quantificação dos analitos como no tipo de amostra avaliada, em função da natureza da espécie química estudada.

Tabela 3.1. Biossorventes desenvolvidos e/ou aplicados para o preparo de amostra de analitos inorgânicos

Técnica analítica	Analitos	Amostra	Material sorvente	Faixa linear (ng mL^{-1})	LD (ng mL^{-1})	LQ (ng mL^{-1})	Referência
FAAS	Cd^{2+}	Álcool combustível	Semente de *Moringa oleifera*	5 - 150	5,50	-	Alves et al., 2010
GFAAS	Pb^{2+}	Sangue humano e água	DNA	0,5 - 8,0	0,057	-	Li et al., 2019
FAAS	Cd^{2+}, Pb^{2+}, Mn^{2+}, Cr^{3+}, Ni^{2+} e Co^{2+}	Urina, alimentos e ambiental	*Bacillus thuringiensis var. israelensis*	500 - 10000 20 - 2000	2,85 0,37	-	Mendil et al., 2008
UV-vis	U^{4+}	Chá e água	*Bacillus mojavensis*	3,0 - 80,0	0,74	2,47	Ozdemir et al., 2017
FAAS	Cd^{2+}	Água potável	Fibra de Agave	0,1 - 800	0,05	0,17	Dias et al., 2013
ICP-OES	Co^{2+} e Cd^{2+}	Vegetais e chá	*Pleurotus eryngii*	1,0 - 50,0	-	0,82 0,67	Ozdemir et al., 2012

Técnica	Analitos	Matriz	Biossorvente	Faixa linear	LD e LQ	Recuperação	Referência
ICP-OES	Hg^{2+} e Co^{2+}	Alimentos e água	C. micaceus	0,25 - 12,5	0,04 e 0,017	0,120 0,056	Ozdemir et al., 2019
ICP-OES	Hg^{2+} e Co^{2+}	Alimentos	Anoxybacillus kestanboliensis	0,25 - 12,5	0,06 e 0,04	0,22 0,13	Ozdemir et al., 2020
FAAS	Pb^{2+}, Cu^{2+}, Co^{2+} e Fe^{2+}	Alimentos e ambiental	Bacillus sphaericus	0,25 - 0,40	0,75 e 0,20	-	Tuzen et al., 2007
ICP-OES	Pb^{2+}, Cd^{2+}, Cu^{2+} e Zn^{2+}	Alimentos e ambiental	Fusarium sp.	-	0,390 e 0,021	-	Moallaei et al., 2020
ICP-OES	Zn^{2+} e Cr^{3+}	Alimentos e ambiental	Phallus impudicus	0,2 - 10	0,0126 e 0,0105	0,0422 0,0351	Yalçin et al., 2020
ICP-OES	Ni^{2+} e Co^{2+}	Alimentos e ambiental	Geobacillus strearothermophilus	0,25 - 12,5	0,025 e 0,022	0,083 0,072	Yalçin et al., 2018
DMA	Hg^{2+}	Ambiental	Bixina, molécula extraída do urucum	0 - 1000	3,23	-	Vieira et al., 2021
FAAS	Fe^{3+}, Cd^{2+}, Pb^{2+}, Mn^{2+}, Cu^{2+} e Co^{2+}	Ambiental	Penicillium italicum		1,60 0,41		Mendil et al., 2008
FAAS	Cr^{3+}, Zn^{2+}, Cu^{2+} e Cd^{2+}	Ambiental	Aspergillus niger	1000 - 5000	3,1 1,1	-	Baytak et al., 2005
ICP-OES	Cu^{2+}, Zn^{3+}, Fe^{3+}, Mn^{2+}, Ni^{2+} e Cr^{2+}	Ambiental	Fermento (Yamadazyma spartinae)	0 - 10	0,45 e 0,10	-	Baytak et al., 2011
UV-Vis CVAAS	Hg^{2+}	Ambiental e industrial	Curcumina	500 - 20000	170	-	Pourreza et al., 2016

| Análise por imagens digitais | As³⁺ | Ambiental | Curcumina e amido de tapioca | 0 - 10000 | 40 | 140 | Choodum et al., 2020 |

CVAAS: *cold vapor atomic absorption spectroscopy*; DMA: *direct mercury analysis*; FAAS: *flame atomic absorption spectroscopy*; GFAAS: *graphite furnace atomic absorption spectrometry*; ICP-OES: *inductively coupled plasma optical emission spectrometry*; UV-Vis: *ultraviolet-visible spectroscopy*; LD: *limit of detection*; LQ: *limit of quantification*.

Tabela 3.2. Biossorventes desenvolvidos e/ou aplicados para o preparo de amostra de analitos orgânicos

Técnica analítica	Analitos	Amostra	Biossovente	Faixa linear (nmol L⁻¹)	LD (nmol L⁻¹)	LQ (nmol L⁻¹)	Referência
UV-Vis	Azul de metileno e verde brilhante	Água de rio, torneira e criação de peixes	Nanofibras à base de bixina	2,50 - 40,0	-	-	Domingues et al., 2020
GC-MS	Ftalatos	Água de rio e torneira	Carvão de bambu	0,1 - 100	0,004 e 0,023	-	Zhao et al., 2013
HPLC-FLD	Hidrocarbonetos policíclicos aromáticos	Água deionizada	Hidrogel à base de amido	-	-	-	Tuncaboylu et al., 2019
HPLC-HESI-MS/MS	Parabenos	Água de rio e torneira	Cortiça e argila de montmorilonita	0,8 - 75,0 3 - 100	0,24 e 0,90	0,80 3,00	Vieira et al., 2018
UHPLC-HESI-MS/MS	Fluoroquinolonas	Água de rio e torneira	Casca de arroz	50 - 1000	25 e 33	100 75	Maraschi et al., 2017
GC-MS	Hidocarbonetos policíclicos aromáticos	Água de rio	Fibras de terras diatomáceas	0,1 – 25 0,5 - 25	0,03 e 0,17	0,1 0,5	Reinert et al., 2018
HPLC-DAD	2-clorofenol, 4-clorofenol, 2,4-diclorofenol e 2,4,6-triclorofenol	Méis	Fios de algodão revestidos com nanocompósito de cobre, ferro e cromo	0,6 - 3067,5 1,0 - 2532,3	0,31 e 0,35	0,61 1,01	Shamsayei et al., 2018

HPLC-DAD	Heptanal e hexanal	Urina humana	Cortiça em pó	2000 - 7000 3000 - 8000	730 e 1000	2190 3000	Oenning et al., 2017
HPLC-FLD	17β-Estradiol, 17α-etinilestradiol, estriol e estrona	Urina humana	Bráctea em pó	0,4 - 1468,5 37,1 - 1479,5	1,1 e 11,1	3,67 36,99	Carmo et al., 2019
HPLC-DAD	Metilparabeno, etilparabeno e propilparabeno,	Protetor solar em pó	Quitosana em pó	40 - 10000 50 - 10000	11,0 e 13,5	36,3 45,1	Gholami et al., 2019
HPLC-DAD	17-α-Etinilestradiol, carbamazepina, losartan, cetoprofeno, 17-β-estradiol, naproxeno, diazepam, estrona, diclofenaco e ibuprofeno	Urina humana	Cortiça	11,8 - 709,4 24,2 - 1454,3	5,1 e 14,5	16,9 48,5	Mafra et al., 2018

GC-MS: *gas chromatography coupled to mass spectrometry*; HPLC-DAD: *high-performance liquid chromatography with diode array detector*; HPLC-FLD: *high-performance liquid chromatography fluorescence detector*; HPLC-HESI-MS/MS: *high-performance liquid chromatography with heated electrospray ionization coupled to tandem mass spectrometry*; UHPLC-HESI-MS/MS: *ultra-high performance liquid chromatography with heated electrospray ionization coupled to tandem mass spectrometry*; UV-Vis: *ultraviolet-visible spectroscopy*.

Quando agrupamos os principais parâmetros de extração e avaliamos a frequência com que eles são priorizados e otimizados, é possível verificar que alguns deles se destacam dos demais (**Figura 3.4**).

Esses parâmetros não representam a totalidade das possibilidades de otimização, mas os mais importantes e frequentes parâmetros descritos na literatura. É interessante frisar que a influência de cada um dos parâmetros no processo de biossorção está intimamente ligada à natureza das interações adsorvente-adsorbato. Logo, um parâmetro que seja muito importante para um caso específico pode exercer pouca ou nenhuma influência em outra situação. Exemplo disso é a grande importância do pH da amostra na extração de compostos iônicos sorvidos por interações eletrostáticas. No entanto, esse parâmetro pouco ou nada influencia a sorção de compostos não ionizáveis sorvidos por interações hidrofóbicas. A influência dos principais parâmetros na biossorção e suas possibilidades de otimização serão detalhados a seguir.

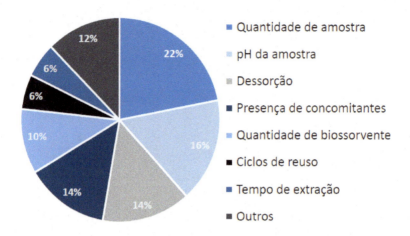

Figura 3.4. Principais parâmetros e porcentagem de vezes que foram estudados e otimizados nos métodos descritos na Tabela 3.1 e Tabela 3.2.

Quantidade de amostra

A quantidade de amostra utilizada é um parâmetro importante no que diz respeito à adsorção. Se houver sítios ativos de interação disponíveis, quanto maior a quantidade de amostra em contato com o biossorvente, maior a massa de analito adsorvida (Pacheco-Fernández *et al.*, 2020; Tavallali *et al.*, 2019). Por esse motivo, é um dos parâmetros comumente otimizados em trabalhos envolvendo biossorção, tanto com a finalidade de preparo de amostras como de remediação.

Uma maneira de otimizar a quantidade de amostra utilizada é aumentando o seu volume. Em processos que envolvem a passagem da amostra por um sorvente, como na extração em fase sólida, é comum aumentar concomitantemente a vazão de trabalho para evitar prolongar demasiadamente o tempo necessário para essa etapa. Quando otimizadas a quantidade de amostra e o aumento da vazão, um cuidado adicional deve ser tomado, visto que o tempo de equilíbrio pode afetar o rendimento da quantidade adsorvida. Vazões excessivamente elevadas em processos de extração podem levar a uma diminuição na transferência de massa do analito na solução da amostra para a superfície do biossorvente, especialmente em processos com cinéticas lentas e a baixas temperaturas (Shamsayei, 2018). Outros fatores práticos, como a formação de bolhas de ar em colunas e capilares de extração, presentes nas superfícies ou nas bordas do material sorvente em função de vazões elevadas, podem dificultar a retrolavagem e causar uma queda no rendimento de remoção ou extração. Alguns tipos de interações adsorvente-adsorbato, altamente orientadas e em sítios de difícil acesso (ex.: interações iônicas, quirais, etc.), também podem ser fortemente influenciadas e prejudicadas em vazões mais elevadas (Tavallali *et al.*, 2019).

Em alguns trabalhos que utilizaram colunas recheadas com biossorventes para preparo de amostra, como os descritos por Moallaei *et al.*, (2020) e Mendil *et al.* (2008), por exemplo, observou-se que as maiores vazões empregadas não foram as mais apropriadas. Moallaei *et al.* (2020) variaram o volume de amostra entre 100 e 600 mL em uma vazão de 3 mL min^{-1} e encontraram volumes ótimos entre 345 e 475 mL de amostra para o par biossorvente-adsorbato estudado (*Fusarium sp.* imobilizado em nanotubos de carbono – cátions metálicos). Shamsayei *et al.* (2018), no entanto, conseguiram desenvolver capilares com o sorvente para extrair analitos alvo em amostras de mel, com altas vazões, sem gerar alta compressão. De modo geral, com sorventes empacotados, como os utilizados em métodos de microextração em fase sólida em tubo (*in-tube solid-phase microextraction*, **IT-SPME**) a vazão deve ser adequadamente controlada, para que não ocorra um aumento significativo no tempo de equilíbrio de adsorção e uma consequente diminuição na quantidade de analito adsorvido (Pacheco-Fernández *et al.*, 2020).

Estudo do pH

O estudo do pH da amostra é de fundamental importância para a biossorção e está presente na grande maioria dos trabalhos. Ele é realizado variando-se o pH inicial da amostra e avaliando-se a eficiência de remoção do analito para cada pH considerado. Espera-se que o pH influencie, principalmente, dois processos físico-químicos do sistema de biossorção: (1) a **ionização dos sítios de biossorção**; e (2) a **ionização de grupos químicos do adsorbato** (Kumar *et al.*, 2017; Fomina *et al.*, 2014).

Ionização dos sítios de biossorção: esse é o principal parâmetro associado ao estudo do pH discutido nos artigos de biossorção. Vários são os grupos funcionais potencialmente presentes na superfície do biossorvente. Esses grupos podem adquirir cargas positivas ou negativas de acordo com o pH da amostra e o pK_a ou pK_b dos grupos superficiais, uma vez que equilíbrios ácido-base são observados para esses grupos (Esposito *et al.,* 2002). Para biossorventes com características de ácidos fracos (os mais comuns), haverá predominância de carga negativa no biossorvente se o pH for maior que o pK_a do grupo funcional da superfície (Michalak *et al.,* 2013). Para os biossorventes com grupos básicos, um pH do meio menor que o pK_b resultará em um biossorvente carregado positivamente.

Uma explicação complementar e muito comum nos trabalhos anteriormente citados, é a competição entre o adsorbato e os íons H^+ e OH^- pelos sítios de adsorção do biossorvente (Marques *et al.,* 1999). São esperadas baixas eficiências de biossorção em valores extremos de pH. No caso em que o pH é mais baixo, observa-se a preferência do biossorvente pelos íons H^+, predominante no meio, em detrimento do adsorbato catiônico. Entretanto, para valores elevados de pH, ocorre a interação preferencial entre os íons OH^- e o biossorvente, em detrimento da interação do biossorvente com adsorbatos aniônicos.

A Tabela 3.3. retrata os grupos funcionais mais comuns em materiais biossorventes e seus valores de pK_a (Marques *et al.,* 1999; Chojnacka *et al.,* 2005; Sheng *et al.,* 2004; Gonzalez *et al.,* 2008).

Tabela 3.3. Grupos superficiais mais comuns em biossorventes e seus valores de pK_a

Grupo superficial	pK_a
Carboxila	2 - 5
Ácido sulfônico	1,0 - 2,5
Fenol	8 - 10
Fosfato	5 - 9
[1]Amino	9 - 12

[1] O pK_a refere-se ao ácido conjugado (base protonada).

Outra forma de se analisar a carga superficial do material quando não se conhece exatamente a identidade dos grupos superficiais ou quando eles são muito diversos é a determinação do ponto de carga zero (*point of zero charge*, pzc) (Hassan *et al.*, 2020; Vilar *et al.*, 2005). Para valores de pH > pzc, a carga da superfície é predominantemente negativa e, para pH < pzc, a carga superficial é predominantemente positiva. Para que a biossorção seja eficiente, a carga superficial do biossorvente deve ser oposta à carga do adsorbato, pois, assim, haverá atração eletrostática (Kumar *et al.*, 2017) e, portanto, ocorrerá a aproximação biossorvente-adsorbato. A seguir veremos como a carga do adsorbato se comporta frente ao pH do meio.

Ionização de grupos químicos do adsorbato: o pH irá influenciar a carga do adsorbato orgânico, que também dependerá do seu pK_a e do pH da solução, de forma muito semelhante à ionização dos sítios do biossorvente. A análise das cargas é feita como foi explicado anteriormente. Ou seja, para valores de pH > pK_a, o adsorbato orgânico estará predominantemente na forma desprotonada (negativa) (Kumar *et al.*, 2017).

No caso de adsorbatos inorgânicos, como metais, o pH pode exercer influência sobre as espécies do adsorbato presentes no meio e, por consequência, na sua interação com o biossorvente. Vale lembrar que, para metais, deve-se levar em consideração também a precipitação desses íons na forma de hidróxidos em valores mais altos de pH (Azizi *et al.*, 2018; Ozdemir *et al.*, 2019), além da competição de outros equilíbrios ácido-base e de complexação de concomitantes na amostra, como ácidos húmicos, compostos fenólicos, ácidos orgânicos diversos (ácido oxálico, cítrico, acético e tartárico, por exemplo) (Gadd, 2008; Fomina *et al.*, 2014).

Um bom exemplo que ilustra o efeito do pH tanto na carga superficial do biossorvente quanto na espécie química do adsorbato está descrito no trabalho de Domingues *et al.* (2020), no qual a bixina, uma molécula natural de pK_a = 4,79 foi usada para biossorção de corantes catiônicos: verde brilhante e azul de metileno, com pK_a de segunda protonação em 4,80 e 5,60, respectivamente. O estudo de pH foi feito na faixa de 2-10, com o pH ótimo de 6, que favoreceu a protonação dos dois corantes, além de permitir que a bixina permanecesse parcialmente desprotona (em carga negativa), facilitando-se uma maior interação eletrostática, o que gerou melhores resultados de remoção dos corantes.

Finalmente, alguns trabalhos estudaram o emprego de tampões para garantir a estabilidade do pH da solução. Em 2010, Alves *et al.* realizaram um estudo aprofundado sobre a influência do tampão na solução do analito, usando planejamento de experimentos do tipo Dohelert. A abordagem aplicada apontou que esse fator tem influência significativa na eficiência de extração do cádmio em álcool combustível a partir de sementes de *Moringa oleífera* como biossorvente (Alves *et al.*, 2010).

Dessorção

A etapa de dessorção é uma das mais importantes no desenvolvimento de biossorventes empregados no preparo de amostras, uma vez que a ampla maioria das técnicas analíticas não é capaz de determinar compostos sorvidos na superfície do biossorvente. Portanto, é necessário que o analito esteja em solução para obter um sinal de medida. A dessorção permite a reutilização da biomassa e a recuperação do biossorbato (Fomina *et al.*, 2014) e, por esse motivo, pode ser definida como o processo contrário à biossorção. A otimização da etapa de dessorção é fundamental também para garantir uma pré-concentração adequada do analito (biossorbato). Para isso, deve-se utilizar preferencialmente a menor quantidade possível de solvente de dessorção (Ozdemir *et al.*, 2017; Tuzen *et al.*, 2007; Baytak *et al.*, 2005; Mafra *et al.*, 2018).

Existem várias soluções utilizadas para a dessorção (Fomina *et al.*, 2014), incluindo soluções aquosas contendo ácidos, bases, tampões, agentes complexantes, sais e solventes orgânicos (no caso de adsorbatos orgânicos). Geralmente, a otimização envolve a seleção do tipo e concentração adequados de um ou mais dessorventes específicos. A escolha da solução de dessorção depende do mecanismo de biossorção do adsorbato. De acordo com Syed *et al.* em 2012 e Won *et al.* em 2014, as principais características de um dessorvente adequado são as seguintes:

1) **Não destrutivo para o biossorvente:** essa característica é especialmente importante para o reuso do material biossorvente. A maioria dos estudos relata que o uso constante de soluções de dessorção pode danificar a estrutura do biossorvente (Gadd *et al.*, 2008; Gadd *et al.*, 1992).

2) **Baixo custo:** é um fator crucial para aplicações em larga escala.

3) *Eco-friendly:* deve seguir os princípios da química verde (Lenardão *et al.*, 2003).

4) **Efetivo:** deve alcançar altas taxas de dessorção, ou seja, ser capaz de remover com eficiência a maioria dos analitos presentes no biossorvente, proporcionando maiores fatores de pré-concentração (Ozdemir *et al.*, 2019) e evitando o efeito memória (*carryover*) em sistemas de coluna (Mafra *et al.*, 2018).

Nos estudos de biossorção para preparo de amostras, a etapa de dessorção é frequentemente otimizada para a remoção de cátions metálicos e pode ser interpretada como um processo de troca iônica (Kotrba *et al.*, 2011). Nesse processo, soluções ácidas (como HCl, HNO_3, H_2SO_4) ou soluções de sais (como $CaCl_2$) (Aldor *et al.*, 1995) são utilizadas como dessorventes. O íon hidrônio (H_3O^+) ou o cátion presente no sal (por exemplo, Ca^{2+}) substitui o cátion metálico adsorvido no biossorvente, que é liberado na solução, coletado e posteriormente submetido à análise. A dessorção de cátions metálicos também pode ser realizada utilizando-se soluções de agentes complexantes, como EDTA, tiouréia e tiocianato (Kumar *et al.*, 2017). Para adsorbatos com cargas negativas, são aplicados sais de amônio quaternário e soluções alcalinas (Kumar *et al.*, 2017). É importante considerar que esse processo de dessorção pode danificar a estrutura do biossorvente, portanto, é necessário estudar o número de ciclos de biossorção-dessorção que um biossorvente pode realizar sem perda de eficiência.

Presença de concomitantes

A presença de outras substâncias além dos analitos de interesse em amostras complexas é praticamente uma unanimidade. Normalmente, o número de diferentes substâncias concomitantes pode chegar a dezenas de milhares e suas concentrações podem ser centenas a milhares de vezes maiores do que as dos potenciais analitos. Devido a esses motivos e dependendo de suas características físico-químicas e similaridades com os analitos, os concomitantes podem desempenhar um papel significativo de interferência no processo de adsorção. Portanto, é importante estudar os efeitos da presença de concomitantes em solução para compreender a robustez do processo de adsorção e a estabilidade do sistema. Essa avaliação requer tanto ensaios de adsorção com amostras simuladas preparadas com concentrações conhecidas de concomitantes específicos, quanto experimentos com o biossorvente aplicados diretamente nas matrizes complexas originais. Assim, é comum que os autores realizem estudos preliminares utilizando sistemas de adsorção em batelada para avaliar a eficiência do processo de sorção e a interação do analito com o adsorvente (Domingues *et al.*, 2020; Gunes e Kaygusuz, 2015; Li *et al.*, 2019).

Nos estudos em que o NaCl é utilizado em solução, é comum avaliar o efeito da força iônica do meio na eficiência de adsorção. Para a adsorção de íons metálicos, muitas vezes são adicionados outros íons metálicos à solução para verificar uma possível competição com os íons de interesse pelos sítios de adsorção (Tuzen, 2007; Carro *et al.*, 2011; Herrero *et al.*, 2005).

Um efeito muito importante associado à presença de concomitantes e que pode ser observado é o efeito de *salting-out*, que ocorre devido ao aumento da força iônica no meio e resulta na diminuição da solubilidade de alguns compostos ou até mesmo na sua precipitação (Saien e Asadabadi, 2014; Wang *et al.*, 2018).

A diminuição da remoção dos analitos estudados na presença de concomitantes é a observação mais comumente relatada nos estudos dessa natureza (Domingues *et al.*, 2020; Zhao *et al.*, 2013). No entanto, também há casos em que os concomitantes exercem pouco efeito tanto na cinética quanto na eficiência de remoção dos analitos. Tuzen *et al.* (2007) investigaram o comportamento de um biossorvente extraído da bactéria da espécie *Bacillus sphaericus* na presença de 16 íons. Nesse estudo, os íons concomitantes não afetaram a adsorção de cobre, ferro, cobalto e chumbo, obtendo-se recuperações acima de 95% para os quatro íons metálicos em todos os experimentos. Essa seria a situação ideal em que o processo de sorção é mais seletivo e robusto, porém a obtenção desse resultado dependerá da natureza do adsorbato, adsorvente, concomitante e do mecanismo de adsorção envolvido.

Quantidade de biossorvente

A quantidade de biossorvente é um parâmetro que afeta o desempenho da biossorção, seja na quantidade de analito biossorvido ou na capacidade de biossorção (Ozdemir *et al.*, 2020). Em geral, aumentar a quantidade de biossorvente aumenta a quantidade de analito adsorvido, pois há um aumento no número de sítios de interação (Sharma *et al.*, 2017), mas diminui a capacidade de biossorção (massa de adsorbato por massa de biossorvente), pois nem todos os sítios estarão ocupados (Park *et al.*, 2010; Nkiko *et al.*, 2013; Lin *et al.*, 2011). Portanto, a otimização da quantidade de biossorvente é necessária para obter maiores quantidades de remoção com menores quantidades de biossorvente, ou seja, melhores capacidades de biossorção.

Um bom exemplo de como a otimização da quantidade de biossorvente deve ser feita está no trabalho de Baytak *et al.* (2005), no qual avaliou-se a porcentagem de recuperação de Cr^{3+}, Zn^{2+}, Cu^{2+} e Cd^{2+} na faixa de 25 a 200 mg de biossorvente formado por sílica revestida com uma espécie de fungo, *Aspergillus niger*. Os resultados indicaram um aumento na porcentagem de remoção de 25% na faixa de 25 a 100 mg de biossorvente, mantendo a porcentagem de 95% constante até 200 mg do biomaterial. A escolha do ponto ótimo para a massa foi feita seguindo a ideia de que é preciso obter melhores recuperações com menores quantidades de biossorvente. Dessa forma, a massa de 100 mg de biossorvente foi determinada como a de melhor capacidade, em vez de 200 mg, apesar de ambas resultarem na mesma porcentagem de recuperação.

Tempo de Extração

O tempo de extração é um fator dependente de outros parâmetros que devem ser fixados previamente, como o pH da solução, quantidade da amostra e do analito, temperatura, agitação, entre outros (Shamsayei *et al.*, 2018). Além disso, é um fator importante para determinar o tempo de equilíbrio nos experimentos de adsorção.

Sistemas de adsorção em batelada ou contínuos podem ser empregados e possuem características diferentes. Um ponto importante é o tempo de extração para cada um desses sistemas. As condições operacionais dos sistemas de adsorção contínuos implicam em tempos de sorção menores do que o tempo de equilíbrio encontrados nos sistemas de adsorção em batelada (Bonilla-Petriciolet *et al.*, 2017). Portanto, o tempo de extração é um fator relevante para a aplicação e dimensionamento dos sistemas de biossorção em escalas laboratoriais, que correspondem à grande maioria dos trabalhos que avaliam os processos em larga escala.

Uma vez que o tempo ótimo de extração pode ser afetado por muitos parâmetros do sistema, uma estratégia interessante para estudar o tempo de extração de analitos utilizando biossorventes é o emprego de planejamentos de experimentos (Uchiyama *et al.*, 2011; Liu *et al.*, 2015; Oenning *et al.*,

2017). Essa estratégia foi aplicada por Carasek *et al.*, que utilizaram um planejamento de experimentos do tipo Doehlert para a remoção de agrotóxicos por um biossorvente à base de cortiça em pó (Oenning *et al.*, 2017). Nesse trabalho, o tempo de extração foi um fator crucial, uma vez que, concomitantemente à extração dos analitos, ocorria uma reação de derivatização. O tempo e a quantidade do agente derivatizante foram estudados em 3 níveis (30, 60 e 90 minutos). A superfície de resposta indicou que 60 minutos foi o tempo de extração otimizado para esse sistema.

Ciclos de reuso

O ciclo de reuso é definido pela quantidade de vezes que os processos de adsorção seguidos de dessorção são realizados sem ocorrer uma perda significativa de eficiência. Sua determinação é importante, pois o reuso do biossorvente é benéfico para o meio ambiente e reduz os custos de produção e operação (Kumar *et al.*, 2017). Nos trabalhos de preparo de amostra, especialmente aqueles que desenvolvem fases de extração biossortivas, o estudo do ciclo e reuso é realizado após a otimização do dessorvente. Na Tabela 3.4, são apresentados os analitos, as soluções de dessorção e o número de ciclos de reuso estudados por diferentes autores.

Tabela 3.4. Trabalhos que empregaram solução de dessorção e reuso de biossorvente

Analitos	Solução de dessorção	Ciclos de reuso	Referência
U^{4+}	HCl 1 mol L^{-1}	30	Ozdemir *et al.*, 2017
Hg^{2+} e Co^{2+}	HCl 1 mol L^{-1}	25	Ozdemir *et al.*, 2019
Hg^{2+} e Co^{2+}	HCl 1 mol L^{-1}	35	Ozdemir *et al.*, 2020
Pb^{2+}, Cd^{2+}, Cu^{2+} e Zn^{2+}	HCl 0,5 mol L^{-1}	25	Moallaei *et al.*, 2020
Zn^{2+} e Cr^{3+}	HCl 1 mol L^{-1}	30	Yalcin *et al.*, 2020
Ni^{2+} e Co^{2+}	HCl 1 mol L^{-1}	24	Yalcin *et al.*, 2018
Cu^{2+}, Zn^{3+}, Fe^{3+}, Mn^{2+}, Ni^{2+} e Cr^{2+}	HCl 1 mol L^{-1}	20	Baytak *et al.*, 2005
Cd^{2+}	HNO_3 0,1 mol L^{-1}	5	Gupta e Nayak, 2012
Alizarina	NaOH 0,1 mol L^{-1}	7	Fan *et al.*, 2012

Cu²⁺	EDTA 0,1 mol L⁻¹	4	Yuwei *et al.*, 2011
Cd²⁺	Ca(NO₃)₂ 0,1 mol L⁻¹	5	Kataria *et al.*, 2018
17-α-Etinilestradiol, carbamazepina, losartan, cetoprofeno, 17-β-estradiol, naproxeno, diazepam, estrona, diclofenaco e ibuprofeno	Metanol	6	Mafra et al., 2018

É evidente, pelos trabalhos apresentados na Tabela 3.4, que o número de reusos do biossorvente pode variar de algumas poucas vezes até várias dezenas, dependendo das condições de aplicação, solução dessorvente e analitos. Por esse motivo, sua otimização deve ser feita de forma criteriosa e abrangente, a fim de obter o máximo resultado desejado.

Outros parâmetros

Os estudos envolvendo biossorventes não estão restritos aos parâmetros mencionados, e vários outros parâmetros podem e são avaliados, dependendo da natureza do biossorvente, do analito e até mesmo do modo como o processo de adsorção é estudado. Outros parâmetros considerados em estudos de biossorção são a **agitação do sistema** e a **temperatura de adsorção**.

Agitação do sistema: A agitação do sistema é um parâmetro estudado quando o biossorvente é misturado diretamente na solução do analito. A agitação é uma estratégia para promover a homogeneização da solução e acelerar o processo de transferência de massa do analito para a superfície ou o interior dos poros do biossorvente, onde irá encontrar os sítios de adsorção. Em geral, maiores agitações aumentam a extração dos analitos (Vieira *et al.*, 2018). No entanto, valores muito altos de agitação podem desestabilizar o sistema de biossorção, dependendo da forma como ele é construído, como no caso do trabalho de Zhao *et al.*, (2013) em que o biossorvente proposto foi utilizado como SPME. Para valores de agitação mais altos, são formadas bolhas na superfície do biossorvente, dificultando assim a biossorção (Zhao *et al.*, 2013).

Temperatura de adsorção: Assim como em toda reação química, a temperatura também influencia o equilíbrio e a cinética na adsorção. Portanto, é interessante compreender como a variação da temperatura afeta o processo de biossorção. O trabalho de Reinert *et al.* (2018) aborda a otimização da temperatura durante o processo de biossorção na faixa de 30 a 80 °C. Os resultados mostraram que a relação entre a temperatura e a biossorção segue um comportamento curvilíneo. Nas temperaturas entre 20 e 50 °C, a biossorção diminui, enquanto na faixa de 50 a 80 °C, a biossorção aumenta. O valor ótimo de temperatura escolhido foi 80 °C (Reinert *et al.*, 2018).

A temperatura da solução é um parâmetro otimizado principalmente quando o trabalho realiza estudos que abrangem a variação de energia no processo de adsorção. Yazidi *et al.* (2020) conduziram estudos físico-químicos e estatísticos para compreender o mecanismo de adsorção na faixa de temperatura de 30 a 50 °C para amoxicilina e tetraciclina utilizando carvão ativado desenvolvido a partir da casca do fruto durião (*Durio zibethinus*). Considerando que as isotermas de adsorção foram determinadas nas mesmas condições experimentais para os dois antibióticos, os resultados mostraram que o biossorvente apresentou maior capacidade de adsorção para a amoxicilina em todas as temperaturas testadas, sugerindo que ela teve preferência em relação à tetraciclina em soluções aquosas. Além disso, ambos apresentaram aumento no número de moléculas de antibiótico capturadas pelos sítios ativos do biossorvente com o aumento da temperatura, considerando a adsorção monocomponente (Yazidi *et al.*, 2020; Reinert *et al.*, 2018).

3.6 Vantagens, Desvantagens, Limitações e Perspectivas

Resíduos naturais têm sido empregados como materiais abundantes e baratos para o tratamento de águas residuais e o preparo de amostras. O uso desses materiais como produtos ecologicamente corretos promove uma economia circular verde e, em muitos casos, propicia uma produção mais limpa. Minimizar o descarte de resíduos e aproveitar ao máximo os recursos naturais são os principais objetivos da Economia Circular, que vem ganhando destaque nos últimos anos. Nesse cenário, os biosorventes são considerados materiais interessantes e com inúmeras vantagens em relação aos processos convencionais (Godage e Gionfriddo, 2020).

Esses biomateriais são capazes de apresentar alta eficiência de operação, um processo de execução análogo às tecnologias convencionais, alta abundância aliada a baixos custos de produção, além da capacidade de reuso, baixa toxicidade e biodegradabilidade (Abbasi e Haeri, 2021). Com todas essas vantagens, a biossorção atraiu considerável atenção de acadêmicos, pesquisadores e do setor industrial devido às suas aplicações potenciais em diversos campos (Adewuyi, 2020; Michalak *et al.*, 2013).

Apesar dos numerosos estudos sobre biossorção, a maioria dos trabalhos relatados descreve a atuação dos biossorventes em escala laboratorial (pequena escala), utilizando reatores de tanque de baixa capacidade ou minicolunas empacotadas (Michalak *et al.*, 2013).

As primeiras instalações de planta piloto utilizando a biossorção como tecnologia surgiram nos EUA e no Canadá. Na década de 1990, a remoção de metais foi amplamente explorada em águas industriais e de mineração, com o uso de novos projetos que envolviam reatores (Michalak *et al.*, 2013; Bhainsa e D'Souza, 1999; Tsezos *et al.*, 1997; Brierley *et al.*, 1986; Brierley *et al.*, 1987; Tavallali *et al.*, 2014). Em 1999, Tsezos destacou a necessidade de desenvolver e propor ao mercado processos confiáveis e eficazes para o ramo industrial, aplicando os biossorventes em escala piloto (Tsezos, 1999).

Nesse contexto, outros biossorventes foram desenvolvidos e comercializados, como o AlgaSORB™, desenvolvido pela empresa americana Bio-Recovery System, Inc., no qual uma espécie de alga, *Chlorella vulgaris*, foi imobilizada em polímero de sílica gel matriz para realização de troca iônica, tornando o biossorvente competitivo com resinas de troca iônica comerciais (Barkley, 1991). Outros exemplos comerciais são o AMT-BIOCLAIM™, Biofix, BV-SORBEX, MetaGeneR e RAHCO Bio-Beads (Michalak *et al.*, 2013; Gok e Aytas, 2014).

O processo de biossorção tem sido amplamente estudado em laboratório. No entanto, para viabilizar essa tecnologia em larga escala, são necessárias pesquisas que atendam às demandas industriais, como a capacidade de regeneração e reciclabilidade do biossorvente (Mwandira et al., 2020). Além disso, análises econômicas são cruciais para determinar o custo total do sorvente e do processo de biossorção no tratamento de instalações industriais (Eccles, 1995).

Logo, há uma necessidade de realizar estudos em larga escala sobre a biossorção. Observa-se que a transferência de conhecimento do procedimento realizado no laboratório para as aplicações industriais é um processo relativamente lento, mas o interesse nesse campo de pesquisa está cada vez maior, com pesquisadores aplicando biossorventes em estudos em escala de planta piloto (Adewuyi, 2020; Michalak *et al.*, 2013).

Finalmente, os biossorventes podem ser vistos como uma alternativa sustentável, empregada dentro dos princípios da economia circular, com um potencial promissor de aplicação em diferentes escalas. No entanto, devido às especificidades dos diferentes materiais, questões relacionadas à capacidade de sorção e dessorção, otimização das condições do processo, ciclos de reuso e reciclagem dos biossorventes sempre serão parâmetros que precisam ser muito bem estudados para os usos específicos antes de propor aplicações em escalas além daquelas de laboratório.

Glossário

AAS: *atomic absorption spectroscopy*; espectroscopia de absorção atómica.

Cf: concentração final do adsorbato em solução.

Co: concentração inicial do adsorbato em solução.

CVAAS: *cold vapor atomic absorption spectroscopy*; espectrometria de absorção atômica com geração de vapor frio.

DAD: *diode array detector*; detector de arranjo de diodos.

DMA: *direct mercury analysis*; análise direta de mercúrio.

Economia Circular: conceito que se refere a um modelo econômico e de produção projetado para maximizar a eficiência dos recursos, minimizar resíduos e promover a sustentabilidade.

EE: *electroextraction*; eletroextração.

Efeito memória: *carryover*; se refere à persistência de resíduos de uma substância anterior em um sistema, que podem afetar análises subsequentes.

ESI-MS: *electrospray ionization mass spectrometry*; espectrometria de massas com ionização por eletrospray.

FAAS: *flame atomic absorption spectroscopy*; espectroscopia de absorção atômica com chama.

FLD: *fluorescence detector*; detector de fluorescência.

FP: fator de pré-concentração.

GC: *gas chromatography*; cromatografia gasosa.

GC-MS: *gas chromatography coupled to mass spectrometry*; cromatografia gasosa acoplada ao espectrômetro de massas.

GFAAS: *graphite furnace atomic absorption spectrometry*; espectrometria de absorção atômica em forno de grafite.

HPLC: *high-performance liquid chromatography*; cromatografia líquida de alta eficiência.

HPLC-DAD: *high-performance liquid chromatography with diode array detector*; cromatografia líquida de alta eficiência com detector de arranjo de diodos.

HPLC-FLD: *high-performance liquid chromatography fluorescence detector*; cromatografia líquida de alta eficiência com detector de fuorescência.

HPLC-HESI-MS/MS: *high-performance liquid chromatography with heated electrospray ionization coupled to tandem mass spectrometry*; cromatografia líquida de alta eficiência com ionização por eletrospray aquecido acoplada ao espectrômetro de massas sequencial.

ICP: *inductively coupled plasma*; plasma indutivamente acoplado.

ICP-OES: *inductively coupled plasma optical emission spectrometry*; espectrometria de emissão ótica por plasma indutivamente acoplado.

IT-SPME: *in-tube solid-phase microextraction*; microextração em fase sólida em tubo.

LD: *limit of detection*; limite de detecção.

LQ: *limit of quantification*; limite de quantificação.

MS/MS: *tandem mass spectrometry*; espectrometria de massas sequencial.

MS: *mass spectrometry*; espectrometria de massas.

PZC: *point of zero charge*; ponto de carga zero.

QV: química verde.

Salting-out: De acordo com a definição da IUPAC, refere-se à adição de certos sais a uma fase aquosa para aumentar a distribuição entre fases de um soluto específico.

SPME: *solid-phase microextraction*; microextração em fase sólida.

UHPLC: *ultra-high performance liquid chromatography*; cromatografia líquida de ultra eficiência.

UHPLC-HESI-MS/MS: *ultra-high performance liquid chromatography with heated electrospray ionization coupled to tandem mass spectrometry*; cromatografia líquida de ultra eficiência com ionização por eletrospray aquecido acoplada ao espectrômetro de massas sequencial.

UV-Vis: *ultraviolet-visible spectroscopy*; espectroscopia na região do ultravioleta-visível.

Referências

Abbasi, S; Haeri, S. A.; Biodegradable materials and their applications in sample preparation techniques – A review. *Microchem. J.* **2021**, *171*, 106831. https://doi.org/10.1016/j.microc.2021.106831.

Adewuyi, A.; Chemically modified biosorbents and their role in the removal of emerging pharmaceutical waste in the water system. *Water* **2020**, *12*, 1551. https://doi.org/10.3390/w12061551.

Aksu, Z.; Application of biosorption for the removal of organic pollutants: A review. *Process Biochem.* **2005**, *40*, 997. https://doi.org/10.1016/j.procbio.2004.04.008.

Aldor, I.; Fourest, E.; Volesky, B.; Desorption of cadmium from algal biosorbent. *Can. J. Chem. Eng.* **1995**, *73*, 516. https://doi.org/10.1002/cjce.5450730412.

Alves, V. N.; Mosquetta, R.; Coelho, N. M.; Bianchin, J. N.; Di Pietro Roux, K. C.; Martendal, E.; Carasek, E.; Determination of cadmium in alcohol fuel using *Moringa oleifera* seeds as a biosorbent in an on-line system coupled to FAAS. *Talanta* **2010**, *80*, 1133. https://doi.org/10.1016/j.talanta.2009.08.040.

Avery, S.; Microbial interactions with caesium — Implications for biotechnology. *J. Chem. Technol. Biotechnol. Int. Res. Process Environ. Clean Technol.* **1995**, *62*, 3. https://doi.org/10.1002/jctb.280620102.

Azizi, M.; Seidi, S.; Rouhollahi, A.; A novel N,N'-bis(acetylacetone)ethylenediimine functionalized silica-core shell magnetic nanosorbent for manetic dispersive solid phase extraction of copper in cereal and water samples. *Food Chem.* **2018**, *249*, 30. https://doi.org/ 10.1016/j.foodchem.2017.12.085.

Barkley, N. P.; Extraction of mercury from groundwater using immobilized algae. *J. Air Waste Manag. Assoc.* **1991**, *41*, 1387. https://doi.org/10.1080/10473289.1991.10466935.

Baytak, S.; Türker, A.R.; Çevrimli, B.S.; Application of silica gel 60 loaded with *Aspergillus niger* as a solid phase extractor for the separation/preconcentration of chromium(III), copper(II), zinc(II), and cadmium(II). *J. Sep. Sci.* **2005**, *28*, 2482. https://doi.org/10.1002/jssc.200500252.

Baytak, S.; Zereen, F.; Arslan, Z.; Preconcentration of trace elements from water samples on a minicolumn of yeast (*Yamadazyma spartinae*) immobilized TiO_2 nanoparticles for determination by ICP-AES. *Talanta* **2011**, *84*, 319. https://doi.org/10.1016/j.talanta.2011.01.020.

Bhainsa, K. C.; D'Souza, S. F.; Biosorption of uranium(VI) by *Aspergillus fumigatus*. *Biotechnol. Tech.* **1999**, *13*, 695. https://doi.org/10.1023/A:1008915814139.

Bonilla-Petriciolet, A.; Mendoza-Castillo, D. I.; Reynel-Ávila, H. E.; Adsorption processes for water treatment and purification, Springer International Publishing, Netherlands. **2017**, 256. https://doi.org/10.1007/978-3-319-58136-1.

Brierley, J. A.; Brierley, C. L.; Decker, R. F.; Goyak. G. M.; Metal recovery. US pat. US4898827A, **1986**.

Brierley, J. A.; Brierley, C. L.; Decker, R. F.; Goyak. G. M.; Metal recovery. US pat. US4789481A, **1987**.

Camacho, J.; Fieseler, C.; Ikier, H.; Lange, E.; Pieschel, F.; BR9815130A, **1998**.

Carmo, S. N. do; Merib, J.; Carasek, E.; Bract as a novel extraction phase in thin-film SPME combined with 96-well plate system for the high-throughput determination of estrogens in human urine by liquid chromatography coupled to fluorescence detection. *J. Chromatogr. B Analyt. Technol. Biomed. Life Sci.* **2019**, *1118*, 17. https://doi.org/10.1016/j.jchromb.2019.04.037.

Carro, L.; Barriada, J. L.; Herrero, R.; Sastre de Vicente, M. E.; Adsorptive behaviour of mercury on algal biomass: Competition with divalent cations and organic compounds. *J. Hazard. Mater.* **2011**, *192*, 284. https://doi.org/10.1016/j.jhazmat.2011.05.017.

Chojnacka, K.; Chojnacki, A.; Górecka, H.; Biosorption of Cr^{3+}, Cd^{2+} and Cu^{2+} ions by blue-green algae *Spirulina sp.*: Kinetics, equilibrium and the mechanism of the process. *Chemosphere* **2005**, *59*, 75. https://doi.org/10.1016/j.chemosphere.2004.10.005.

Contreras-Cortes, A. G.; Almendariz-Tapia, F. J.; Cortez-Rocha, M. O.; Burgos-Hernandez, A.; Rosas-Burgos, E. C.; Rodriguez-Felix, F.; Gomez-Alvarez, A.; Quevedo-Lopez, M. A.; Plascencia-Jatomea, M.; Biosorption of copper by immobilized biomass of *Aspergillus australensis*. Effect of metal on the viability, cellular components, polyhydroxyalkanoates production, and oxidative stress. *Environ. Sci. Pollut. Res. Int.* **2020**, *27*, 28545. https://doi.org/10.1007/s11356-020-07747-y.

Choodum, A.; Jirapattanasophon, V.; Boonkanon, C.; Taweekarn, T.; Wongniramaikul, W.; Difluoroboron-curcumin doped starch film and digital image colorimetry for semi-quantitative analysis of arsenic. *Anal. Sci.* **2020**, *36*, 577. https://doi.org/10.2116/analsci.19SBP09.

Costa, A. W. M. C.; Guerhardt, F.; Ribeiro Júnior, S. E. R.; Cânovas, G.; Vanale, R. M.; Coelho, D. de F.; Ehrhardt, D. D.; Rosa, J. M.; Tambourgi, E. B.; Santana, J. C. C.; de Souza, R. R.; Biosorption of Cr(VI) using coconut fibers from agro-industrial waste magnetized using magnetite nanoparticles. *Environ. Technol.* **2020**, *42*, 3595. https://doi.org/10.1080/09593330.2020.1752812.

Crini, G.; Badot, P. M.; Application of chitosan, a natural aminopolysaccharide, for dye removal from aqueous solutions by adsorption processes using batch studies: A review of recent literature. *Prog. Polym. Sci.* **2008**, *33*, 399. https://doi.org/10.1016/j.progpolymsci.2007.11.001.

Dambies, L.; Roze, A.; Roussy, J.; Guibal, E.; As(V) removal from dilute solutions using MICB (molybdate-impregnated chitosan beads). *Process Metallurgy* **1999**, *9*, 277. https://doi.org/10.1016/S1572-4409(99)80117-5.

Dias, F. S.; Bonsucesso, J. S.; Alves, L. S.; Filho, D. C.; Costa, A. C.; Santos, W. N. L.; Development and optimization of analytical method for the determination of cadmium from mineral water samples by off-line solid phase extraction system using sisal fiber loaded TAR by FAAS. *Microchem. J.* **2013**, *106*, 363. https://doi.org/10.1016/j.microc.2012.01.018.

Domingues, J. T.; Orlando, R. M.; Sinisterra, R. D.; Pinzón-García, A. D.; Rodrigues, G. D.; Polymer-bixin nanofibers: A promising environmentally friendly material for the removal of dyes from water. *Sep. Pur. Technol.* **2020**, *248*, 117118. https://doi.org/10.1016/j.seppur.2020.117118.

Eccles, H.; Removal of heavy metals from effluent streams – Why select a biological process? *Int. Biodeterior. Biodegradation* **1995**, 35, 5. https://doi.org/10.1016/0964-8305(95)00044-6.

Espinoza-Quiñones, F. R.; Rizzutto, M. A.; Added, N.; Tabacniks, M.H.; Módenes, A.N.; Palácio, S. M.; Silva, E. A.; Rossi, F. L.; Martin, N.; Szymanski, N.; PIXE analysis of chromium phytoaccumulation by the aquatic macrophytes *Eicchornia crassipes*. *Nucl. Instrum. Methods Phys. Res. B* **2009**, *267*, 1153. https://doi.org/10.1016/j.nimb.2009.02.050.

Esposito, A.; Pagnanelli, F.; Vegliò, F.; pH-related equilibria models for biosorption in single metal systems. *Chem. Eng. Sci.* **2002**, *57*, 307. https://doi.org/10.1016/S0009-2509(01)00399-2.

Fan, L.; Zhang, Y.; Li, X.; Luo, C.; Lu, F.; Qiu, H.; Removal of alizarin red from water environment using magnetic chitosan with Alizarin Red as imprinted molecules. *Colloids Surf. B Biointerfaces.* **2012**, *91*, 250. https://doi.org/10.1016/j.colsurfb.2011.11.014.

Fomina, M.; Gadd, G. M.; Biosorption: Current perspectives on concept, definition and application. *Bioresour. Technol.* **2014**, *160*, 3. https://doi.org/10.1016/j.biortech.2013.12.102.

Franco, D. S. P.; Georgin, J.; Drumm, F. C.; Netto, M. S.; Allasia, D.; Oliveira, M. L. S.; Dotto, G. L.; Araticum (*Annona crassiflora*) seed powder (ASP) for the treatment of colored effluents by biosorption. *Environ. Sci. Pollut. Res. Int.* **2020**, *27*, 11184. https://doi.org/10.1007/s11356-019-07490-z.

Freitas, G. R. de; Silva, M. G. C. da; Vieira, M. G. A.; Biosorption technology for removal of toxic metals: A review of commercial biosorbents and patents. *Environ. Sci. Pollut. Res. Int.* **2019**, *26*, 19097. https://doi.org/10.1007/s11356-019-05330-8.

Gadd, G. M.; Biosorption: critical review of scientific rationale, environmental importance and significance for pollution treatment. *J. Chem. Technol. Biotechnol.* **2008**, *84*, 13. https://doi.org/10.1002/jctb.1999.

Gadd, G. M.; White, C.; Removal of thorium from simulated acid process streams by fungal biomass: potential for thorium desorption and reuse of biomass and desorbent. *J. Chem. Technol. Biotechnol.* **1992**, *55*, 39. https://doi.org/10.1002/jctb.280550107.

Gholami, H.; Ghaedi, M.; Arabi, M.; Ostovan, A.; Bagheri, A. R.; Mohamedian, H.; Application of molecularly imprinted biomembrane for advancement of matrix solid-phase dispersion for clean enrichment of parabens from powder sunscreen samples: Optimization of chromatographic conditions and green approach. *ACS Omega.* **2019**, *4*, 3839. https://doi.org/10.1021/acsomega.8b02963.

Giese, E. C.; Silva, D. D. V.; Costa, A. F. M.; Almeida, S. G. C.; Dussan, K. J.; Immobilized microbial nanoparticles for biosorption. *Crit. Rev. Biotechnol.* **2020**, *40*, 653. https://doi.org/10.1080/07388551.2020.1751583.

Giles[a], C. H.; Hassan, A. S. A.; Adsorption at Organic Surfaces V—A study of the adsorption of dyes and other organic solutes by cellulose and chitin. *J. Soc. Dye. Colour.* **1958**, *74*, 846. https://doi.org/10.1111/j.1478-4408.1958.tb02236.x.

Giles[b], C. H.; Hassan, A. S. A.; Subramanian, R. V. R.; Adsorption at Organic Surfaces IV— Adsorption of sulphonated azo dyes by chitin from aqueous solution. *J. Soc. Dye. Colour.* **1958**, *74*, 681. https://doi.org/10.1111/j.1478-4408.1958.tb02221.x.

Godage, N. H; Gionfriddo, E.; Use of natural sorbents as alternative and green extractive materials: A critical review. *Anal. Chim. Acta* **2020**, *1125*, 187. https://doi.org/10.1016/j.aca.2020.05.045.

Gok, C.; Aytas, S.; Biosorption of Uranium and Thorium by Biopolymers. *Chapter 16 - The Role of Colloidal Systems in Environmental Protection*, **2014**, 363. https://doi.org/10.1016/B978-0-444-63283-8.00016-8.

Gonzalez, M. H.; Araújo, G. C. L.; Pelizaro, C. B.; Menezes, E. A.; Sherlan, G. L.; Sousa, G. B.; Nogueira, A. R. A.; Coconut coir as biosorbent for Cr(VI) removal from laboratory wastewater. *J. Hazard. Mater.* **2008**, *159*, 252. https://doi.org/10.1016/j.jhazmat.2008.02.014.

Guibal, E.; Milot, C.; Roussy, J.; Molybdate sorption by cross-linked chitosan beads: Dynamic studies. *Water Environ. Res.* **1999**, *71*, 10. https://doi.org/10.2175/106143099X121670.

Gunes, E.; Kaygusuz, T.; Adsorption of Reactive blue 222 onto an industrial solid waste included Al(III) hydroxide: pH, ionic strength, isotherms, and kinetics studies, *Desalin. Water Treat.* **2015**, *53*, 2510. https://doi.org/10.1080/19443994.2013.867414.

Gupta, V.K.; Nayak, A.; Cadmium removal and recovery from aqueous solutions by novel adsorbents prepared from orange peel and Fe_2O_3 nanoparticles. *Chem. Eng. J.* **2012**, *180*, 81. https://doi.org/10.1016/j.cej.2011.11.006.

Hassan, M.; Naidu, R.; Du, J.; Liu, Y.; Qi, F.; Critical review of magnetic biosorbents: Their preparation, application, and regeneration for wastewater treatment. *Sci. Total Environ.* **2020**, *702*, 134893. https://doi.org/10.1016/j.scitotenv.2019.134893.

Herrero, R.; Lodeiro, P.; Rey-Castro, C.; Vilariño, T.; Sastre de Vicente, M. E.; Removal of inorganic mercury from aqueous solutions by biomass of the marine macroalga *Cystoseira baccata*. *Water Research*, **2005**, *39*, 3199. https://doi.org/10.1016/j.watres.2005.05.041.

Hosseinkhani B.; Hennebel T.; Van Nevel S.; Verschuere S.; Yakimov M.M.; Cappello S.; Blaghen M.; Boon N.; Biogenic Nanopalladium based remediation of chlorinated hydrocarbons in marine environments. *Environ. Sci. Technol.* **2014**, *48*, 550. https://doi.org/10.1021/es403047u.

Hussein, M. H.; Hamouda, R. A.; Elhadary, A. M. A.; Abuelmagd, M. A.; Ali, S.; Rizwan, M.; Characterization and chromium biosorption potential of extruded polymeric substances from *Synechococcus mundulus* induced by acute dose of gamma irradiation. *Environ. Sci Pollut. Res. Int.* **2019**, *26*, 31998. https://doi.org/10.1007/s11356-019-06202-x.

Jaafari, J.; Yaghmaeian, K.; Optimization of heavy metal biosorption onto freshwater algae (*Chlorella coloniales*) using response surface methodology (RSM). *Chemosphere* **2019**, *217*, 447. https://doi.org/10.1016/j.chemosphere.2018.10.205.

Jan, C.; Janaprom, S.; Libor, K.; Pavel, D.; Jiří, C.; Janprom, B.; CZ pat. PV1978-3397, 1978.

Jilek, R.; Prochazka, H.; Stamberg, K.; Fuska, J.; Application of fungal biomass in biosorvent preparation. *Folia Microbiol.* **1976**, *21*, 210.

Jin, C.S.; Deng, R.J.; Ren, B.Z.; Hou, B.L.; Hursthouse, A.S.; Enhanced biosorption of Sb(III) onto iiving *Rhodotorula mucilaginosa* strain DJHN070401: Optimization and mechanism. *Curr. Microbiol.* **2020**, *77*, 2071. https://doi.org/10.1007/s00284-020-02025-z.

Kataria, N.; Garg, V.K.; Green synthesis of Fe_3O_4 nanoparticles loaded sawdust carbon for cadmium (II) removal from water: Regeneration and mechanism. *Chemosphere* **2018**, *208*, 818. https://doi.org/10.1016/j.chemosphere.2018.06.022.

Kotrba, P.; Mackova, M.; Macek, T.; Microbial biosorption of metals. Springer Netherlands. **2011**, *1*, 329. https://doi.org/10.1007/978-94-007-0443-5.

Kratochvil, D.; Removal of trivalent and hexavalent chromium by seaweed biosorbent. Environ. Sci. Technol. **1998**, *32*, 2693. https://doi.org/10.1021/es971073u.

Kulkarni, R. M.; Vidya Shetty, K.; Srinikethan, G.; Kinetic and equilibrium modeling of biosorption of nickel (II) and cadmium (II) on brewery sludge. *Water Sci. Technol.* **2019**, *79*, 888. https://doi.org/10.2166/wst.2019.090.

Kumar, R.; Sharma, R. K.; Singh, A. P.; Cellulose based grafted biosorbents - Journey from lignocellulose biomass to toxic metal ions sorption applications - A review. *J. Mol. Liq.* **2017**, *232*, 62. https://doi.org/10.1016/j.molliq.2017.02.050.

Lenardão, E. J.; Freitag, R. A.; Dabdoub, M. J.; Batista, A. C. F.; Silveira, C. C.; "Green chemistry" - Os 12 princípios da química verde e sua inserção nas atividades de ensino e pesquisa. *Quím. Nova* **2003**, *26*, 123. https://doi.org/10.1590/S0100-40422003000100020.

Li, W.; Mu, B.N.; Yang, Y.Q.; Feasibility of industrial-scale treatment of dye wastewater via bio-adsorption technology. *Bioresourc. Technol.* **2019**, *277*, 157. https://doi.org/10.1016/j.biortech.2019.01.002.

Li, YK.; Li, WT.; Liu X.; Yang, T.; Chen, ML.; Wang, JH.; Functionalized magnetic composites based on the aptamer serve as novel bio-adsorbent for the separation and preconcentration of trace lead. *Talanta* **2019**, *203*, 210. https://doi.org/10.1016/j.talanta.2019.05.075.

Lin, Y., He, X., Han, G., Tian, Q.; Hu, W.; Removal of crystal violet from aqueous solution using powdered mycelial biomass of *Ceriporia lacerata* P2. *J. Environ. Sci.* **2011**, *23*, 2055. https://doi.org/10.1016/S1001-0742(10)60643-2.

Liu, JF.; Yuan, BF.; Feng, YQ.; Determination of hexanal and heptanal in human urine using magnetic solid phase extraction coupled with in-situ derivatization by high performance liquid chromatography, *Talanta,* **2015**, *136*, 54. https://doi.org/10.1016/j.talanta.2015.01.003.

Maes S.; Props R.; Fitts J. P.; De Smet R.; Vanhaecke F.; Boon N.; Hennebel T.; Biological recovery of platinum complexes from diluted aqueous streams by axenic cultures. *PLoS ONE* **2017**, *12*, e0169093. https://doi.org/10.1371/journal.pone.0169093.

Mafra, G.; Spudeit, D.; Rafael, B.; Merib, J.; Carasek, E.; Expanding the applicability of cork as extraction phase for disposable pipette extraction in multiresidue analysis of pharmaceuticals in urine samples. *J. Chromatogr. B. Analyt. Biomed. Life Sci.* **2018**, *1102*, 159. https://doi.org/10.1016/j.jchromb.2018.10.021.

Maraschi, F.; Speltini, A.; Sturini, M; Consoli, L.; Porta, A.; Profumo, A.; Evaluation of rice husk for SPE of fluoroquinolones from environmental waters followed by UHPLC-HESI-MS/MS. *Chromatographia,* **2017**, *80*, 577. https://doi.org/10.1007/s10337-017-3272-8.

Marques, P. A.; Pinheiro, H. M.; Teixeira, J. A.; Rosa, M. F.; Removal efficiency of Cu^{2+}, Cd^{2+} and Pb^{2+} by waste brewery biomass: pH and cation association effects. *Desalination* **1999**, *124*, 137. https://doi.org/10.1016/S0011-9164(99)00098-3.

Medhi, H.; Chowdhury, P. R.; Baruah, P. D.; Bhattacharyya, K. G.; Kinetics of aqueous Cu(II) biosorption onto *Thevetia peruviana* leaf powder. *ACS Omega* **2020**, *5*, 13489. https://doi.org/10.1021/acsomega.9b04032.

Mendil, D.; Tuzen, M.; Soylak, M.; A biosorption system for metal ions on *Penicillium italicum* - loaded on *Sepabeads* SP 70 prior to flame atomic absorption spectrometric determinations. *J. Hazard. Mater.* **2008**, *152*, 1171. https://doi.org/1171-1178. 10.1016/j.jhazmat.2007.07.097.

Mendil, D.; Tuzen M.; Usta, C.; Soylak, M.; *Bacillus thuringiensis var. israelensis* immobilized on Chromosorb 101: A new solid phase extractant for preconcentration of heavy metal ions in environmental samples. *J. Hazard. Mater.* **2008**, *150*, 357. https://doi.org/10.1016/j.jhazmat.2007.04.116.

Michalak, I.; Chojnacka; K.; Witek-Krowiak, A.; State of the art for the biosorption process — A review. *Appl. Biochem. Biotechnol.* **2013**, *170*, 1389. https://doi.org/10.1007/s12010-013-0269-0.

Milot, C.; Guibal, E.; Roussy, J.; LeCloiree, P.; Chitosan gel beads as a new biosorbent for molybdate removal. *Miner. Process. Extr. Metall. Rev.* **1997**, *19*, 293. https://doi.org/10.1080/08827509608962447.

Moallaei, H.; Bouchara, JP.; Raf, A.; Singh, P.; Raizada, P.; Tran H. N.; Zafar, M. N.; Giannakoudakis, D. A.; Housseini-Bandegharaei.; Application of *Fusarium* sp. immobilized on multi-walled carbon nanotubes for solid-phase extraction and trace analysis of heavy metal cations from different samples. *Food Chem.* **2020**, *3322*, 126757. https://doi.org/10.1016/j.foodchem.2020.126757.

Moghazy, R. M.; Labena, A.; Husien, S.; Eco-friendly complementary biosorption process of methylene blue using micro-sized dried biosorbents of two macro-algal species (*Ulva fasciata* and *Sargassum dentifolium*): Full factorial design, equilibrium, and kinetic studies. *Int. J. Biol. Macromol.* **2019**, *134*, 330. https://doi.org/10.1016/j.ijbiomac.2019.04.207.

Mwandira, W.; Nakashima, K.; Togo, Y.; Sato, T.; Kawasaki, S.; Cellulose-metallothionein biosorbent for removal of Pb(II) and Zn(II) from polluted water. *Chemosphere* **2020**, *246*, 125733. https://doi.org/10.1016/j.chemosphere.2019.125733.

Nascimento, R. F. do; Lima, A. C. A. de; Vidal, C. B.; Melo, D. de Q.; Raulino, G. S. C.; Adsorção: Aspectos teóricos e aplicações ambientais. E-book. Fortaleza: Imprensa Universitária, **2014**. 256. Disponível em: http://www.repositorio.ufc.br/handle/riufc/10267, acessada em Fevereiro de 2022.

Nkiko, M.O., Adeogun, A.I.; Babarinde, N.A.A.; Sharaibi, O.J.; Isothermal, kinetics and thermodynamics studies of the biosorption of Pb (II) ion from aqueous solution using the scale of croaker fish (*Genyonemuslineatus*). *J. Water Reuse Des.* **2013**, *3*, 239. https://doi.org/10.2166/wrd.2013.077.

Oenning, A. L.; Morés, L.; Dias, A. N.; Carasek, E.; A new configuration for bar adsorptive microextraction (BAμE) for the quantification of biomarkers (hexanal and heptanal) in human urine by HPLC providing an alternative for early lung cancer diagnosis. *Anal. Chim. Acta* **2017**, *965*, 54. https://doi.org/10.1016/j.aca.2017.02.034.

Ortiz-Calderon, C.; Silva, H. C.; Vásquez, D. B.; Metal removal by seaweed biomass, biomass volume estimation and valorization for Energy. *IntechOpen* **2017**, 361. https://doi.org/10.5772/65682.

Ozdemir, S.; Kilinc, E.; Fatih, S.; A novel biosorbent for preconcentrations of Co(II) and Hg(II) in real samples. *Sci. Rep.* **2020**, *10*, 455. https://doi.org/10.1038/s41598-019-57401-y.

Ozdemir, S.; Kilinc, E.; Oner, E.T.; Preconcentrations and determinations of copper, nickel and lead in baby food samples employing *Coprinus silvaticus* immobilized multi-walled carbon nanotube as solid phase sorbent. *Food Chem.* **2019**, *276*, 174. https://doi.org/10.1016/j.foodchem.2018.07.123.

Ozdemir, S.; Mohamedsaid, S. A.; Kilinc, E.; Soylak, M.; Magnetic solid phase extractions of Co(II) and Hg(II) by using magnetized *C. micaceus* from water and food samples. *Food Chem.* **2019**, *271*, 232. https://doi.org/10.1016/j.foodchem.2018.07.067.

Ozdemir, S.; Oduncu, M. K.; Kilinc, E.; Soylak, M.; Tolerance and bioaccumulation of U(VI) by *Bacillus mojavensis* and its solid phase preconcentration by *Bacillus mojavensis* immobilized multiwalled carbon nanotube. *J. Environ. Manage.* **2017**, *187*, 490. https://doi.org/10.1016/j.jenvman.2016.11.004.

Ozdemir, S.; Okumus, V.; Kilinc, E.; Bilgetekin, H.; Dündar A.; Ziyadanogullari, B.; *Pleurotus eryngii* immobilized Amberlite XAD-16 as a solid-phase biosorbent for preconcentrations of Cd^{2+} and Co^{2+} and their determination by ICP-OES. *Talanta* **2012**, *99*, 502. https://doi.org/10.1016/j.talanta.2012.06.017.

Pacheco-Fernández, I.; Allgaier-Díaz, D. W.; Mastellone, G.; Cagliero, C.; Díaz, D. D.; Pino, V.; Biopolymers in sorbent-based microextraction methods. *TrAC - Trends Anal. Chem.* **2020**, *125*, 115839. https://doi.org/10.1016/j.trac.2020.115839.

Park, D.; Yun, YS.; Park, J. M.; The past, present, and future trends of biosorption. *Biotechnol. Bioproc. E.* **2010**, *15*, 86. https://doi.org/10.1007/s12257-009-0199-4.

Plazinski, W.; Binding of heavy metals by algal biosorbents. Theoretical models of kinetics, equilibria and thermodynamics. *Adv. Colloid Interface Sci.*, **2013**, *197*, 58. https://doi.org/10.1016/j.cis.2013.04.002.

Pourreza, N.; Golmohammadi, H.; Rastegarzadeh,S.; Highly selective and portable chemosensor for mercury determination in water samples using curcumin nanoparticles in a paper based analytical device. *RSC Adv.* **2016**, *6*, 69060. https://doi.org/10.1039/C6RA08879A.

Reinert, N. P.; Vieira, C. M. S.; da Silveira, C. B.; Budziak, D.; Carasek, E.; A Low-cost approach using diatomaceous earth biosorbent as alternative SPME coating for the determination of PAHs in water samples by GC-MS. *Separations,* **2018**, *5*, 55. https://doi.org/10.3390/separations5040055.

Rogowska, A.; Pomastowski, P.; Rafinska, K.; Railean-Plugaru, V.; Zloch, M.; Walczak, J.; Buszewski, B.; A study of zearalenone biosorption and metabolisation by prokaryotic and eukaryotic cells. *Toxicon* **2019**, *169*, 81. https://doi.org/10.1016/j.toxicon.2019.09.008.

Saien, J.; Asadabadi, S.; Salting out effects on adsorption and micellization of three imidazolium-based ionic liquids at liquid–liquid interface. *Colloids Surf. A Physicochem. Eng. Asp.* **2014**, *444*, 138. https://doi.org/10.1016/j.colsurfa.2013.12.060.

Santaeufemia, S.; Abalde, J.; Torres, E.; Eco-friendly rapid removal of triclosan from seawater using biomass of a microalgal species: Kinetic and equilibrium studies. *J. Hazard. Mater.* **2019**, *369*, 674. https://doi.org/10.1016/j.jhazmat.2019.02.083.

Schneider, I. A. H.; Rubio ,J.; Misra, M.; Smith, R. W.; *Eichhornia crassipes* as bio sorbent for heavy metal ions. *Miner. Eng.* **1995**, *9*, 979. https://doi.org/10.1016/0892-6875(95)00061-T.

Shamsayei, M.; Yamini, Y.; Asiabi, H.; Evaluation of highly efficient on-line yarn-in-tube solid phase extraction method for ultra-trace determination of chlorophenols in honey samples. *J. Chromatogr. A.* **2018**, *1569*, 70. https://doi.org/10.1016/j.chroma.2018.07.043.

Sharma, G.; Naushad, M.; Kumar, A.; Rana, S.; Sharma S.; Bhatnagar, A.; Stadler, F J.;Ghfar, A. A.; Khan, M. R.; Efficient removal of coomassie brilliant blue R-250 dye using starch/poly(alginic acid-cl-acrylamide) nanohydrogel. *Process Saf. Environ. Prot.* **2017**, *109*, 301. https://doi.org/10.1016/j.psep.2017.04.011.

Sheng, P. X.; Ting, Y. P.; Chen, J. P.; Hong, L.; Sorption of lead, copper, cadmium, zinc, and nickel by marine algal biomass: characterization of biosorptive capacity and investigation of mechanisms. *J. Colloid Interface Sci.* **2004**, *275*, 131. https://doi.org/1010.1016/j.jcis.2004.01.036.

Suzuki Y.; Banfield J.; Resistance to, and accumulation of, uranium by bacteria from a uranium-contaminated site. *Geomicrobiol. J.* **2004**, *21*, 113. https://doi.org/10.1080/01490450490266361.

Syed, S.; Recovery of gold from secondary sources — A review. *Hydrometallurgy* **2012**, *115*, 30. https://doi.org/10.1016/j.hydromet.2011.12.012.

Taki, K.; Gogoi, A.; Mazumder, P.; Bhattacharya, S. S.; Kumar, M.; Efficacy of vermitechnology integration with upflow anaerobic sludge blanket (UASB) and activated sludge for metal stabilization: A compliance study on fractionation and biosorption. *J. Environ. Manag.* **2019**, *236*, 603. https://doi.org/10.1016/j.jenvman.2019.01.006.

Tavallali, H.; Malekzadeh, H.; Karimi, M. A.; Payehghadr, M.; Deilamy-Rad, G.; Tabandeh, M.; Chemically modified multiwalled carbon nanotubesas efficient and selective sorbent for separation andpreconcentration of trace amount of Co(II), Cd(II),Pb(II), and Pd(II). *Arab. J. Chem.* **2019**, *12*, 1487. https://doi.org/10.1016/j.arabjc.2014.10.034.

Torres, E.; Biosorption: A review of the latest advances. *Processes* **2020**, *8*, 1584. https://doi.org/10.3390/pr8121S8.

Treen-Sears, M. E.; Stanley, M. M.; Volesky, B.; Propagation of *Rhizopus javanicus* biosorbent. *Appl. Environ. Microbiol.* **1984**, *48*, 137. https://doi.org/10.1128/aem.48.1.137-141.1984.

Tsezos, M. Biosorption of metals.; The experience accumulated and the outlook for technology development. *Process Metallurgy* **1999**, *9*, 171. https://doi.org/10.1016/S1572-4409(99)80105-9.

Tsezos, M.; Georgousis, Z.; Remoudaki, E.; Mechanism of aluminium interference on uranium biosorption by Rhizopus arrhizus. *Biotechnol. Bioeng.* **1997**, *55*, 16. https://doi.org/10.1002/(SICI)1097-0290(19970705)55:1<16::AID-BIT3>3.0.CO;2-#.

Tuncaboylu, D. C., Abdurrahmanoglu, S.; Gazioglu, I.; Rheological characterization of starch gels: A biomass based sorbent for removal of polycyclic aromatic hydrocarbons (PAHs). *J. Hazard. Mater.* **2019**, *371*, 406. https://doi.org/10.1016/j.jhazmat.2019.03.037.

Tuzen, M.; Uluozlu, O.D.; Usta, C.; Soylak, M.; Biosorption of copper(II), lead(II), iron(III) and cobalt(II) on *Bacillus sphaericus*-loaded Diaion SP-850 resin. *Anal. Chim. Acta* **2007**, *581*, 241. https://doi.org/10.1016/j.aca.2006.08.040.

Uchiyama, S.; Inaba, Y.; Kunugita, N.; Derivatization of carbonyl compounds with 2,4-dinitrophenylhydrazine and their subsequent determination by high-performance liquid chromatography. *J. Chromatogr. B* **2011**, *879*, 1282. https://doi.org/10.1016/j.jchromb.2010.09.028.

Veglio, F.; Beolchini, F.; Removal of metals by biosorption: A review. *Hydrometallurgy* **1997**, *44*, 301. https://doi.org/10.1016/S0304-386X(96)00059-X.

Vieira, C. M. S.; Mazurkievicz, M.; Calvo, A. M. L.; Debatin, V.; Micke, G. A.; Richter, P.; Rosero-Moreano, M.; Carasek, E.; Exploiting green sorbents in rotating-disk sorptive extraction for the determination of parabens by high-performance liquid chromatography with tandem electrospray ionization triple quadrupole mass spectrometry. *J. Sep. Sci.* **2018**, *41*, 4047. https://doi.org 10.1002/jssc.201800426.

Vieira, J. C.; Diniz, M. C. C.; Mendes, L. A.; Sinisterra, R. D.; Rodrigues, G. D.; Orlando, R. M.; Windmöller, C. C.; Bixin as a new class of biosorbent for Hg^{2+} removal from aqueous solutions. *Environ. Nanotechnol. Monit. Manag.* **2021**, *15*, 100407. https://doi.org/10.1016/j.enmm.2020.100407.

Vijayaraghavan, K.; Han, M.H.; Choi, S.B.; Yun, Y-S.; Biosorption of Reactive black 5 by *Corynebacterium glutamicum* biomass immobilized in alginate and polysulfone matrices. *Chemosphere*, **2007**, *68*, 1838. https://doi.org/10.1016/j.chemosphere.2007.03.030.

Vilar, V. J. P.; Botelho, C. M. S.; Boaventura, R. A. R.; Influence of pH, ionic strength and temperature on lead biosorption by *Gelidium* and agar extraction algal waste. *Process Biochem.* **2005**, *40*, 3267. https://doi.org/10.1016/j.procbio.2005.03.023.

Volesky, B.; Biosorption and me. *Water Research*, **2007**, *41*, 4017. https://doi.org/10.1016/j.watres.2007.05.062.

Volesky B.; May-Phillips H. J. A. M.; Biosorption of heavy metals by *Saccharomyces cerevisiae*. *Appl. Microbiol. Biotechnol.* **1995**, *42*, 797. https://doi.org/10.1007/BF00171964.

Wang, J.; Chen, C.; Biosorbents for heavy metals removal and their future. *Biotechnology Advances* **2009**, *27*, 195. https://doi.org/10.1016/j.biotechadv.2008.11.002.

Wang, J.; Chen, C.; Biosorption of heavy metals by *Saccharomyces cerevisiae*: A review. *Biotechnol. Adv.* **2006**, *24*, 427. https://doi.org/10.1016/j.biotechadv.2006.03.001.

Wang, W. X., Huang, G. H., An, C. J., Zhao, S., Chen, X. J., Zhang, P.; Adsorption of anionic azo dyes from aqueous solution on cationic gemini surfactant-modified flax shives: Synchrotron infrared, optimization and modeling studies. *J. Clean. Prod.* **2018**, *172*, 1986. https://doi.org/10.1016/j.jclepro.2017.11.227.

Wang, Y.; Huang, K.; Biosorption of tungstate onto garlic peel loaded with Fe(III), Ce(III), and Ti(IV). *Environ. Sci. Pollut. Res. Int.* **2020**, *27*, 33692. https://doi.org/10.1007/s11356-020-09309-8.

Won, S. W.; Kotte, P.; Wei, W.; Lim, A.; Yun, YS.; Biosorbents for recovery of precious metals. *Bioresour. Technol.* **2014**, *160*, 203. https://doi.org/10.1016/j.biortech.2014.01.121.

Xu, S.; Xing, Y.; Liu, S.; Hao, X.; Chen, W.; Huang, Q.; Characterization of Cd²⁺ biosorption by *Pseudomonas* sp. strain 375, a novel biosorbent isolated from soil polluted with heavy metals in Southern China. *Chemosphere* **2020**, *240*, 124893. https://doi.org/10.1016/j.chemosphere.2019.124893.

Yalçin, M. S.; Kilinç, E.; Ozdemir, S.; Yüksel, U.; Soylak, M.; *Phallus impudicus* loaded with γ-Fe2O3 as solid phase bioextractor for the preconcentrations of Zn(II) and Cr(III) from water and food samples. *Process Biochem.* **2020**, *92*, 149. https://doi.org/10.1016/j.procbio.2020.03.012.

Yalçin, M. S.; Ozdemir, S.; Kilinç, E.; Preconcentrations of Ni(II) and Co(II) by using immobilized thermophilic *Geobacillus stearothermophilus* SO-20 before ICP-OES determinations. *Food Chem.* **2018**, *266*, 126. https://doi.org/10.1016/j.foodchem.2018.05.103.

Yazidi, A.; Atrous, M.; Soetaredjo, F. E., Sellaoui, L; Ismadjib, S.; Erto, A.; Bonilla-Petriciolet, A.; Dotto, G. L.; Lamine, A. B.; Adsorption of amoxicillin and tetracycline on activated carbon prepared from durian shell in single and binary systems: Experimental study and modeling analysis. *Chem. Eng. J.* **2020**, *379*, 122320. https://doi.org/10.1016/j.cej.2019.122320.

Yuwei, C.; Jianlong, W.; Preparation and characterization of magnetic chitosan nanoparticles and its application for Cu(II) removal. *Chem. Eng. J.* **2011**, *168*, 286. https://doi.org/10.1016/j.cej.2011.01.006

Zhang, J.; Wang, P.; Zhang, Z.; Xiang, P.; Xia, S.; Biosorption characteristics of Hg(II) from aqueous solution by the biopolymer from waste activated sludge. *Int. J. Environ. Res. Public Health* **2020**, *17*, 1488. https://doi.org/10.3390/ijerph17051488.

Zhao, RS.; Liu, YL.; Zhou, JB.; Chen, XF.; Wang, X.; Bamboo charcoal as a novel solid-phase microextraction coating material for enrichment and determination of eleven phthalate esters in environmental water samples. *Anal. Bioanal. Chem.* **2013**, *405*, 4993. https://doi.org/10.1007/s00216-013-6865-6.

Sobre o organizador

Ricardo Mathias Orlando

Graduado em Farmácia pela Universidade Federal de Mato Grosso do Sul (UFMS), mestre pela Faculdade de Farmácia de Ribeirão Preto (USP-RP) e doutor em Química pela Universidade Estadual de Campinas (UNICAMP). Atualmente, é Professor Adjunto pela Universidade Federal de Minas Gerais (UFMG). Trabalha sobretudo com amostras ambientais, de alimentos e de interesse forense. Emprega e desenvolve diversas técnicas de preparo de amostras, com destaque para aquelas em que há aplicação de campos elétricos e materiais verdes. Desenvolveu os primeiros trabalhos e dispositivos de E-SPE, E-MSPD, MPEE, LV-MPEE e MPEE-PS-MS. Possui dezenas de artigos científicos publicados sobre essas técnicas e diversos pedidos de patente depositados e concedidos para os dispositivos desenvolvidos. Orientou e coorientou alunos de iniciação científica, mestrado e doutorado nos temas de preparo de amostras e métodos de separação, especialmente os cromatográficos. Seu principal interesse é a criação de ferramentas e estratégias para o preparo de amostras que sejam versáteis, baratas, eficientes e fáceis de se utilizar em amostras complexas e com baixos teores de analitos.

Sobre os autores

Docentes

Bruno Gonçalves Botelho
Doutor em Química pela Universidade Federal de Minas Gerais (UFMG). Professor Adjunto da Universidade Federal de Minas Gerais (UFMG). Trabalha principalmente com análise de alimentos empregando diversas técnicas de preparo de amostras, métodos de separação e ferramentas quimiométricas.

Cassiana Carolina Montagner
Doutora em Química pela Universidade Estadual de Campinas (UNICAMP). Professora Associada da Universidade Estadual de Campinas (UNICAMP). Trabalha principalmente com o desenvolvimento de métodos analíticos com ênfase na análise de traços e Contaminantes Emergentes, um dos focos das Ciências Ambientais.

Clésia Cristina Nascentes
Doutora em Química pela Universidade Estadual de Campinas (Unicamp). Professora Associada da Universidade Federal de Minas Gerais (UFMG). Trabalha principalmente com análise forense e ambiental, de compostos orgânicos e inorgânicos, empregando técnicas espectrométricas diversas.

Guilherme Dias Rodrigues
Doutor em Agroquímica com concentração em Química Analítica pela Universidade Federal de Viçosa (UFV). Professor Associado da Universidade Federal de Minas Gerais (UFMG). Trabalha especialmente com processos ambientalmente seguros de preparo de amostras e recuperação tanto de metais como de compostos orgânicos.

Ricardo Mathias Orlando
Doutor em Química pela Universidade Estadual de Campinas (UNICAMP). Professor Adjunto da Universidade Federal de Minas Gerais (UFMG). Trabalha principalmente com o desenvolvimento de dispositivos e instrumentação de preparo de amostra aplicados a diversos tipos de matrizes e analitos.

Pós-Graduandos

Denise Versiane Monteiro de Sousa
Bacharela em Química Industrial pela Universidade Federal de Ouro Preto (UFOP). Mestra em Ciências Naturais pela Universidade Federal de Ouro Preto (UFOP). Doutora em Química pela Universidade Federal de Minas Gerais (UFMG).

Glaucimar Alex Passos de Resende
Bacharel em Engenharia Química pelo Centro Universitário de Belo Horizonte (Uni-BH). Mestre em Química pela Universidade Federal de Minas Gerais (UFMG). Doutorando em Química pela Universidade Federal de Minas Gerais (UFMG).

Jaime dos Santos Viana
Bacharel em Farmácia pela Universidade Federal de Minas Gerais (UFMG). Mestre em Química pela Universidade Federal de Minas Gerais (UFMG). Doutorando em Química pela Universidade Federal de Minas Gerais (UFMG).

Julia Condé Vieira
Bacharela em Química Industrial pela Universidade Federal de Ouro Preto (UFOP). Mestra em Química pela Universidade Federal de Ouro Preto (UFOP). Doutora em Química pela Universidade Federal de Minas Gerais (UFMG).

Mariana Cristine Coelho Diniz
Bacharela em Química pela Universidade Federal de Minas Gerais (UFMG). Mestre em Química pela Universidade Federal de Minas Gerais (UFMG).

Marina Caneschi de Freitas
Bacharela em Química e mestra em Química Inorgânica, ambos pela Universidade Federal de Minas Gerais (UFMG). Bacharela em Engenharia Química pela pela Universidade Federal de Minas Gerais (UFMG). Técnica de nível superior (Química) pela Universidade Federal de Minas Gerais (UFMG).

Millena Christie Ferreira Avelar
Bacharela em Química pela Universidade Federal de Minas Gerais (UFMG). Mestra em Química Analítica pela Universidade Federal de Minas Gerais (UFMG).

Victor Hugo de Miranda Boratto
Licenciado em Química pela Universidade Federal de Minas Gerais (UFMG). Mestre em Química pela Universidade Federal de Minas Gerais (UFMG).

1ª. edição:	Janeiro de 2024
Tiragem:	300 exemplares
Formato:	16 x 23 cm
Mancha:	12,3 x 19,9 cm
Tipografia:	Arno Pro 10/12/14/20/24
	Roboto Condensed Light 9/11
	Open Sans 11
Impressão:	Offset 90 g/m^2
Gráfica:	Prime Graph